改变，从阅读开始

汉唐阳光·HTYG

# 教你的孩子如何思考

Teach Your Child How to Think

[英] 爱德华·德博诺 —著
EDWARD DE BONO

冯杨 —译

山西出版传媒集团　山西人民出版社

Edward de Bono
Teach Your Child How to Think
Copyright © McQuaig Group Inc@2018

## 图书在版编目（CIP）数据

教你的孩子如何思考 ／（英）爱德华·德博诺著；
冯杨译 . -- 太原 ：山西人民出版社，2018.3
  ISBN 978-7-203-10366-0

  Ⅰ . ①教… Ⅱ . ①爱… ②冯… Ⅲ . ①思维方法－青
少年读物 Ⅳ . ①B80-49

中国版本图书馆CIP数据核字(2018)第055572号


**教你的孩子如何思考**

著　　者：(英) 爱德华·德博诺
译　　者：冯　杨
责任编辑：隋兆芸
复　　审：赵虹霞
终　　审：员荣亮
选题策划：北京汉唐阳光
出 版 者：山西出版传媒集团·山西人民出版社
地　　址：太原市建设南路 21 号
邮　　编：030012
发行营销：010-62142290
　　　　　0351-4922220　4955996　4956039
　　　　　0351-4922127（传真）　4956038（邮购）
E－mail：sxskcb@163.com（发行部）
　　　　　sxskcb@163.com（总编室）
网　　址：www.sxskcb.com
经 销 者：山西出版传媒集团·山西新华书店集团有限公司
承 印 者：北京玺诚印务有限公司
开　　本：655mm×965mm　1/16
印　　张：19.25
字　　数：260 千字
版　　次：2018 年 3 月　第 1 版
印　　次：2021 年 5 月　第 3 次印刷
书　　号：ISBN 978-7-203-10366-0
定　　价：58.00 元

如有印装质量问题请与本社联系调换

*Dr. Edward De Bono*

**爱德华·德博诺**博士先后任教于牛津大学、伦敦大学、剑桥大学和哈佛大学。他被全世界公认为教授思考技巧的权威。他原创了"水平思考"这一概念，并为有意识地进行创造性思考发展出了一系列技巧。他出版了80多本著作，这些书已经被译成40多种文字。他制作了两个电视系列节目，而在互联网上，涉及他的信息超过了4,000,000条。

德博诺博士曾受邀前往多国举行讲座和出席国际会议。1989年，他被邀请去主持一个由诺贝尔奖得主参加的会议。许多世界知名的公司都采用了他的思维方法，这些公司包括IBM、杜邦公司、壳牌石油公司、爱立信、麦肯锡、福特公司，等等。国际天文学组织用他的名字给一颗行星命名，而南非的一个教授协会把他誉为历史上对人类贡献最大的250个人物之一。

德博诺博士设计了被运用得最广泛的直接教授思考技巧的学校教育课程——CoRT思维训练课程。现在，世界上已经有很多国家在采用这一课程。

德博诺博士的主要贡献在于：他将大脑理解成自我组织的信息系统。正是在这一坚实的理论基础上，他设计出了一系列实用的思考工具。从世界知名的大公司到四岁的孩童，他的思考工具都得到了有效的运用。他设计的"六项思考帽"方法，第一次为西方思维提供了一种建设性而非辩论性的语言。德博诺博士的思考方法甚至应用到了南非的天才儿童学校和一般的乡村学校，以及柬埔寨的高棉村庄。德博诺博士的思考方法的最大特点就是简单和实用。

我之所以写这本书，是怀着这样一个愿望：终有一天，世界各地会有更多的孩子说出这句话：

　　"我是一个思考者。"

　　如果他们当中有人进一步说出：

　　"我是一个思考者，而且我喜欢思考。"

　　那么我将倍感欣慰。

　　这本书也可以帮助家长们以及一般的成年人变成喜欢思考的思考者。

　　思考并不困难，思考并不乏味。你并不需要是一个天才，才能成为一个优秀的思考者。

　　世界的未来需要我们进行良好的思考，人生的安排需要我们进行良好的思考，而日益复杂的需求和机会，更需要我们做出良好的思考。不论是在事业上还是在生活中，良好的思考都是保障我们生存下去、获取成功和竞争胜利的关键。

　　　　　　　　　　　　　　　　　　　　　　——爱德华·德博诺

# 目 录

## 第三部分　思考的过程与原则

## 第四部分　思考的结构与情况

## 第五部分　有趣的思考游戏

# 第一部分
## 本书使用指南

# 关于作者

## ——给孩子们写书的思维大师

爱德华·德博诺博士是牛津大学罗氏奖学金的获得者，他在牛津大学、剑桥大学、伦敦大学和哈佛大学都有任职。他撰写本书具有独特的地位和优势，因为：

1. 和大多数教育学家不同，德博诺博士不仅在教育界工作，而且还对企业界、政府、外交事务均有涉足。他设计了专用于学校教育的思维课程（CoRT 思维训练课程），这一课程如今已经在世界范围内广为使用。同时，世界各大知名公司、各国政府、各类国际组织也都经常请他提供关于如何思考的建议。

这一背景非常重要，有两点原因。第一，教育不是个自行其是的游戏，它是真实生活的前期准备。因此，在学校里教授的思考技巧必须在学生毕业以后也有用处。但很多传统的思考教学却没有做到这一点。第二，企业界、政府和公共事务等领域为学校教育的有效性提供了严格的测验。在传统的学校教育里，学生们只是被动地接受摆在面前的一切。但现实中，企业管理层的要求却并非如此，他们需要员工提出他们认为有关的、实用的和重要的思考建议。顾客会掏钱买账吗？企业界的业务实践提供了最终的检验。

2. 和其他许多教学者相比，德博诺博士在全世界很多国家和地区都工作过。他与不同的文化和意识形态打过交道，这促使他更加关注思维的基本面，并使他从只适合一种特定文化的思维习惯中摆脱出来。例如，他能够更加清晰地看到批判性思考、争论等西方思维习惯的局限。在不同国家工作、与不同教师共事的经历，也促使他尽力地简化教学方法，并使之变得更加实用。那些只是受过高等教育、依靠天分的老师是不可能做到这一点的。

3. 与从事思维教学的很多人不同，德博诺博士直接解释了思考的本质，并且是思考教学方法的原创者。而在这一领域中的很多人都是简单地复制他人，并把各种材料东拼西凑而已。

德博诺博士在心理学和医学方面的知识背景，也使他在理解生物意义上的"自我组织"信息系统方面具有得天独厚的优势，这是理解感知和创造性思考的一大基础。本书后面会对此做更详细的说明。

4. 最重要的是，德博诺博士在直接教授思考技巧这一领域具有40多年的教学经验，这就使他与那些初涉这一领域的人相比具有独特的地位。他的教学方法已经受住了不同年龄、不同能力、不同条件的各种人群的检验，并已经运用到实际工作中。更重要的是，这些方法被证明是可以直接教授的。基于多年的经验，德博诺博士十分强调实用性和简单性，这也是他能够在委内瑞拉培训出105,000名教师的原因。要设计出看起来不错的复杂课程并不是难事，但是，复杂的课程可能难以付诸教学实践。由于并不是所有的父母都是训练有素的教师，所以德博诺博士的经验及其简单实用性，对本书而言就显得十分关键了。

## 在教育界的成果

德博诺博士被公认为直接教授思考技巧方面的国际权威。他于1967年出版了第一部专著，他的CoRT思维训练课程从1972年开始就得以运用。

德博诺博士经常活跃于教育界的国际会议（如思考国际会议、关于天才儿童的国际研讨会议、ASCD国际会议，等等）。1989年，他受邀去美国教育委员会发表演说，与会人员均是美国各州的高级教育官员。同年，OECD（经济合作与发展组织）在巴黎举行国际会议，也请德博诺博士前去做公开演说，与会的国家包括OECD主要国家，如美国、日本、德国、法国、英国等。

CoRT思维训练课程现在已经在加拿大全国（包括法语地区）广泛开展。在美国，也有越来越多的学校使用CoRT课程。美国教育水平最领先的州——明尼苏达州，已经设立了专门的基金来开展这一培训课程，并设立了示范学校。

德博诺博士曾受俄罗斯科学委员之邀，前去莫斯科培训一个特别教育项目中的教师，这个项目包含了俄罗斯最先进的实验学校以供试验最新的教学方法。在中国，CoRT 思维训练课程也已经在一些学校的高中部开展了多年。

在新加坡，政府专门进行了实验，并最终在 45 所学校里开展了 CoRT 思维训练课程。在马来西亚，许多高中也已经开展了这一课程。在保加利亚，经过令人满意的初步实验，政府向所有的学校都推荐了这一课程。

在委内瑞拉的加拉加斯大学，一位哲学教授（麦卡多博士）从德博诺博士《大脑的机制》一书中受到启发，后来，成为一名政治家，并成立了智力发展部门。德博诺博士被委内瑞拉邀请去培训教师，有 105,000 名教师得到了培训，而且该国法律规定，所有学校都有义务教授思考技巧。在智力发展部门的 14 个项目中，有 8 个都是直接建立在德博诺博士的方法基础上。智力发展部门废除以后，政府发生了变化，但是德博诺的思维项目以及家庭教育项目仍然保留在教育部门之下。

CoRT 思维训练课程还广泛运用于其他许多国家，如英国、澳大利亚、新西兰、以色列、瑞典、科威特、巴基斯坦，等等。

对这一课程，詹姆斯·库克大学的约翰·爱德华博士做出了很好的研究。例如，他的研究显示出，经过 CoRT 思维课程训练以后，能够进入最高级数学班的学生人数比例从以前的 25％增加到 52％。

## 在企业界的地位

对德博诺博士的工作，企业界比社会其他各界显示出更大的兴趣，这并不奇怪。在企业界，有一条底线：一味地捍卫某个观点是毫无意义的，企业中的思考直接关系到行动、决策和新的创意。这也正是德博诺博士力图强调的。企业界深知人力是其主要资源，因而十分关注如何提高员工的思考水平。

德博诺博士经常被企业界邀请作为高级顾问，对企业的改革、战略制定、改良和寻找新的发展方向提供思维指导。

寻求德博诺思维指导的企业广泛分布在各行各业，因为思考无疑是每个行业、每个企业都必需的。德博诺博士指导过的公司包括 NTT（日本最大的电话电报公司）、斯墨菲特公司（爱尔兰最大的包装公司）、IBM、韦斯顿集团（加拿大的食品公司）、美国通用、Dentsu（日本最大的广告与传媒集团，也许是世界上最大的广告代理公司）、杜邦、谨慎保险公司（最大的保险公司）、斯巴盖吉（瑞士的医药公司）、麦肯锡（咨询公司）、KLM（荷兰航空公司）、城市公司（美国最大的银行）、BHP（澳大利亚最大的钢铁和采矿公司）、Zegna（意大利领先的时尚屋）、Heineken（荷兰酿造公司）、美国标准（浴卫装置公司），等等。

德博诺博士还经常受邀在各大会议上发表演说，如 BIMCO（世界上最大的船运会议）、金融机构投资会议、YPO（青年总裁组织会议）、CEI（世界食品制造商会议），等等。

## 对公共事务领域的贡献

当美国国防部（五角大楼）举行一个关于创造力的会议时，他们希望德博诺博士前来主持会议。由于德博诺博士当时在芬兰赫尔辛基已经有了事先约定好的事务，所以他通过越洋电话召开了这次会议。

德博诺博士为洛杉矶警察局，以及其他很多警察学院都举行过讲座。

美国协会举行第一次关于如何解决教育界冲突的会议时，也请德博诺博士前来主持会议、他还受邀前去主持联邦法律会议，来自全世界的 5000 多名律师都参加了这次会议。

在经济学领域，德博诺博士也曾在很多会议上发言，如著名的达沃斯世界经济论坛、太平洋经济会议、国际银行组织会议，以及中国的太湖文化论坛，等等。

受加拿大政府的邀请，德博诺博士给 CIDA（负责所有外交援助的机构）做了几次讲座。加利福尼亚有毒废物处理部门也邀请德博诺博士举行了一系列讲座，以帮助他们解决在监督、调查和立法方面的问题。还有很多国家（澳大利亚、加拿大、新加坡、马来西亚）的公共事务部门都曾邀请德博诺博士为其高级官员做过演讲和讲座。

另外，世界野生动物基金和国际联合组织也都寻求过德博诺博士的帮助，以思考保护大自然的办法。

## 国际化影响

德博诺博士的工作足迹遍及全世界很多国家：加拿大、美国、墨西哥、巴西、阿根廷、瑞典、法国、英国、德国、意大利、西班牙、埃及、沙特阿拉伯、印度、巴基斯坦、新加坡、马来西亚、苏联、中国、韩国、日本、澳大利亚、新西兰，另外还有二十几个国家，包括如马耳他、阿拉伯联合酋长国、斐济等小国家。

德博诺博士的书被译成了 40 多种语言，包括欧洲所有的主要语言，以及日语、俄语、汉语、韩语、希伯来语、乌尔都语，等等。

最令人惊奇的也许是德博诺博士的著作被不同文化和不同意识形态广泛接受，如天主教、新教、伊斯兰教等。

## 著作等身

德博诺博士于 1967 年出版了第一本书，书名为《新思维》，这个名称后来被戈尔巴乔夫引用了 20 多年。从那以后，德博诺博士撰写了 30 本关于思考的书。这些书包括：《大脑的机制》《管理中的水平思考》《如何教授思考》《如何让孩子解决问题》《实用的思考》《冲突》《管理思考的地图》《六顶思考帽》《我对你错》，等等。

伦敦 BBC 曾经制作了连续十集的电视节目《德博诺的思维课程》，这一节目在美国的 PBS 广泛放映。经由 IBM（德国分公司）和《大不列颠百科全书》的赞助支持，后续的十三集电视系列节目《伟大的思考者们》也制作出来，并在全欧洲放映。

CoRT 思维训练课程是德博诺博士设计发展的主要教育课程。它包括六个部分，每个部分有十节课。另外一个关于如何写作的课程是《思考，记录，写作》。创造性思考的国际中心（NY）还制作了名为《高明的思考者》的磁带。

## 对思考的思考

德博诺博士是"水平思考"（Lateral Thinking）一词的发明者，这个词已经被载入《牛津英语词典》，并正式成为了英语的一部分。

德博诺博士在医学方面的知识背景对他的思想发展起了关键作用。如果他是学习哲学、数学或计算机出身的，他就不可能发展出关于思考的一系列新概念了，因为这些领域只是根据既定的逻辑规则来处理外在的信息组织系统。

在医学领域，德博诺博士对人体的整体系统做过研究（如循环、呼吸、离子控制、肾功能、荷尔蒙等）。由此，他形成了关于组织和信息处理的生物学概念，这些概念使他认识到大脑是自我组织的系统。

在他于1969年出版的《大脑的机制》一书中，德博诺博士描述了大脑作为一个神经网络是如何让信息自我组织成各个模式的。这本书比它的出版时代超前了20年，因为书中的基本概念正是20年后形成计算机处理系统的基础。自从这本书出版以后，更多的人进入到自我组织系统这一领域进行研究，现在，数学也衍生出一个分支来专门研究这一领域。当代科学界提出来的各种大脑功能的模式，都和德博诺博士1969年提出来的概念密切相关。

正是基于此，德博诺博士形成了关于感知和创造力的一系列新概念。在这些概念的基础上，他又发展出了水平思考的一系列技巧。以此为基础，他又在CoRT课程里面提出了改变感知的一系列技巧。因此，德博诺博士的理论基础是大脑作为一个系统自我组织成相应模式的行为。

多年前，德博诺博士曾邀请主要的电脑公司和软件公司参加"关于思考的任务"，这一任务的目的是为了考察所提供信息与我们运用信息能力之间的界线。

## 丰富的教学经验

德博诺博士自从1965年以来就一直致力于思维领域的研究和教学。他的第一本书出版于1967年，他的CoRT思维课程于1972年开始得到使用。多年以来，德博诺博士提出的概念和方法经受住了时间的考验，其实用性和有效性也得到了实践的证明。

在思考教学中具备经验，这是非常重要的。在教学中，必须不惜代价地避免混淆和复杂，因为混淆和复杂不仅不会改进思考，反而会使思考变得更糟。

由于思维教学在美国已经成为流水线一样的生产过程，所以出版商总是催促作者尽快出书，结果，作者们难以精心准备供思维教学的资料，他们大多从其他地方复制资料，然后换一种方法加以组合，而这种做法往往破坏了思考方法本身。有的作者则从这里或那里东拼西凑一些资料，结果，可以想见，这样凑出来的资料无非是一团糟。最后，还有一种做法是重复一些老的思考方法，而这些方法大多建立在传统的批判性思考上，许多这一类的书籍都非常专业也非常精美地被印刷出来。但遗憾的是，这是不够的，它们无法提供思考领域内的实用经验。

分析思考过程中的各个元素，然后想办法教授这些元素，这与设计"实用性"的思考工具是完全不同的。

1984 年的洛杉矶奥运会差点就濒临破产，因为当时没有任何一个城市愿意花费巨大的成本来举办奥运会。直到彼得·尤伯罗斯和他的团队在洛杉矶奥运会的成功才显示出奥运会光明的未来。在接受《华盛顿邮报》采访的时候，尤伯罗斯先生讲述了他是如何运用水平思考来产生创意的。他几年前曾经从德博诺博士那里学习过水平思考的技巧。这是德博诺博士思考工具具有实用性和有效性的一个典型例子。

加拿大 Prudential 保险公司的总裁巴巴罗先生，也讲述了他是如何运用德博诺博士的思考工具来设计出一种新的人寿险的。传统的寿险都是在保险人死亡后进行支付，而他设计的新寿险则是在保险人被诊断出具有某种致命疾病（比如癌症、艾滋病等）的时候就开始支付，这就使得保险人能够使用一些钱来获得更好的医疗和照顾。这一新的寿险如今被加拿大的大部分保险公司沿用，并带来了巨额利润。

### 小结

也许德博诺博士是最具有合适的知识背景、最有资格、最有经验来撰写本书的人。最重要的是，他不局限于单一的教育领域，而更广泛地进入了思考的应用领域。他的思考概念和思考方法经受住了时间的考验，并回馈了每一个学习者。

德博诺博士注重简单性和实用性，在复杂、混乱和过于强调哲学原理的教学领域中，他的这一点显得难能可贵。

德博诺博士还关注如何使思考有助于解决问题和产生创意。这就超越了传统的反应式思考。反应式思考与分析、批评和争论相关，但仅有这些是不够的。

# 本书使用说明

——本书特色及使用方法

## 本书适用年龄

虽然本书是为孩子们设计的，但它的使用并没有年龄的上限。本书介绍的方法和技巧对成年人和孩子来说都一样适用。实际上，本书介绍的很多方法也曾教授给企业界的高层主管，他们也在使用这些方法。

这没什么可奇怪的。就好像数学的基本原理对每个年龄段的人来说都是一样的，基本的思考过程也是如此。尽管技巧可以变得更精确，答案可以变得更复杂，而不同的技巧也可以进一步组合，练习的难度也可以加大，但是基本的方法却是相同的。

一般来说，本书大部分方法适用于9岁以上的孩子。如果有耐心的父母陪同，并且将方法进一步简化，那么6岁的孩子也可以开始学习。如果是不同寻常的天才儿童，那么这个年龄下限还可以下调。

在接下来的内容中，我会列出适合较小孩子的练习题目。例如，绘画法可以适用于4岁的孩子。

## 三种教学方法

有三种方法运用本书来教学。

1. 对于年龄较大、思维更复杂一些的孩子以及已经对"思考"产生兴趣的孩子，可以让他们和父母一起直接阅读全书。孩子和父母可以一起讨论本书中的要点和方法。也可以一起做本书中的练习。在这种情况下，为方便起见，最好有两本书来学习，一本是父母用，一本是孩子用。

2. 对年龄较小的孩子，以及还没有兴趣来阅读本书的孩子，父母可以先阅读本书，并理解消化其中的要点，然后再教给孩子。本书中的有些资料可以跳过或者简化，而有些描述实际思考过程的部分可以直接读出来给孩子听。

3. 对年龄非常小、能力还很弱的孩子，父母可以先阅读本书，然后只挑选其中某些易于理解的部分教给孩子。等孩子长大一些的时候，再逐渐将全书内容教给他们。

这三种方法如图所示。

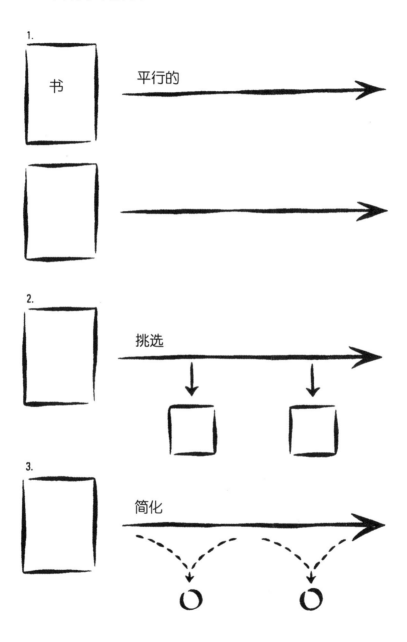

## 激励的重要性

激励是非常关键的，没有激励，要教给孩子任何东西都是困难的。

但是，如果只是空洞地告诉孩子"思考"在他的学校生活里和毕业以后会多么有帮助，基本上起不了多大的激励作用。

思考必须是生动的、有趣的、让人充满兴致的，思考几乎可以是一场游戏。从我的经验来看，孩子们会非常喜欢思考，他们喜欢运用自己的头脑并产生出想法。但是思考的问题必须要在他们的能力范围之内，如果给孩子一个几乎不可能解决的问题，只会打消他们的积极性。家长在带领小孩做练习时，如果碰到一个看起来很难或者乏味的练习题目，那么就换下一个题目。重要的是练习思考的过程，而不是具体的练习题目。

9到11岁也许是孩子最喜欢思考的阶段。过了这个年龄段，孩子们会趋于保守，并且只想要"正确答案"。十几岁的孩子既对自己的思考自鸣得意，又倾向于为其辩护，因为他们害怕犯错。因此在教学过程中，家长始终要避免去判断是正确还是错误。思考只是一种表现，有的时候你表现得好，有的时候表现得不好，就像在打乒乓球的时候，你可能没有发挥到最好的水平，但你仍然在打球。

选择不同的练习题目会产生不同的激励作用。大部分练习应该是有趣的、富于思考性的，只关注那些重大严肃的题目将是一个错误。本书的目的是帮助家长教孩子如何思考，而不是让家长告诉孩子该做什么或不该做什么。

学习动力的产生有赖于一种成就感。由于不再有"正确"答案或唯一答案，所以成就感就来源于不同的渠道。家长可以这样激励孩子：你有了几种解决问题的方案？你的答案和我的答案比起来怎么样？我们还能再想出一个办法吗？如果不经过这样的思考，我可能永远也想不到这个。

当孩子获得一个以前从来没有过的想法时，孩子就会感到惊喜，而学习动力也由此产生了。此外，比较和竞争也能激发孩子的学习动力。

最后，能够顺利地进行思考也有助于产生激励。当你能够滑冰时，你就会喜欢滑冰，当你学会使用思考方法时，你就会喜欢思考。能够充满自信而且十分有效地解决一个思考任务，这本身就是一个莫大的激励。

## 把思考变成爱好或运动

作为父母，最好能帮助孩子把思考变成一种爱好或运动。一方面，孩子们可以通过思考练习来运用自己的头脑；另一方面，发展出更好的思考技巧对孩子们来说既有社会意义，又有炫耀的价值，而且还会充满乐趣。

良好的思考方法可以使孩子们超越日常谈话和争论中的思考，这些方法是将思考变成一种爱好的基础。

在学习完本书之后，一旦形成了对思考技巧的喜爱，父母们就可以协助孩子来组建"思考俱乐部"了，本书在附录中对这种思考俱乐部进行了大体的描述。

## 本书教学风格

适宜的教学风格应该恪守以下几条原则：

1. **简单明了。** 教授思考的风格和教授体育运动技巧或者上物理课的风格没有太大区别。作为一个老师，你必须表达清楚你想说的，并确定学生是否理解，尽量多举例来说明你所要表达的意思。

2. **避免混淆。** 当父母们碰到混淆的地方时，比如"这究竟是这个还是那个呢？"最好是直接换到下一个例子，而不要停下来进行一番哲理性的争论。

3. **每时每刻都明确教学目标。** 始终要记得，我们的目的是教给孩子思考的技巧，而不只是和孩子在讨论中进行有趣的思考。

4. **用不同的题目练习同一方法。** 不要在任何一个练习题目上花费过多时间，即使那个练习题目十分有趣。及时地切换到下一个练习题目是很重要的。只有通过各种不同的练习，我们才能应用并掌握思考的工具或方法。

## 教学纪律

在教授思考技巧的过程中，纪律非常重要。没有纪律，讨论就会变成闲聊和漫谈，也就不会产生什么成就感了。

1. **时间纪律。** 分配给每一个思考练习的时间可能看起来非常短，这是有意为之的。当我们第一次在学校里运用 CoRT 课程时，老师和学生都抱怨说他们不可能在三分钟内思考某个题目。结果，过了一会儿他们惊奇地发现自己能在三分钟内思考很多。之所以分配较短的时间，是为了让人们在练习时只能思考而不至于去争论或纠缠。这条时间纪律不仅适用于每一个练习，而且适用于整个思考过程。技巧训练就像体育运动训练一样，总是需要纪律。

2. 不偏离焦点。我现在思考的是什么题目？我现在要运用的是哪一种思考方法？思维很容易散漫，被要求思考某个问题的人很容易产生与其他问题相关的想法。在讨论过程中，人们也常常跑题。漫谈虽然能够增加乐趣，但却不是一种有效的思考。

思考应该是自由的、解放的、开放的，而思考的框架越严谨，在这一框架内进行的思考也就越自由。一个木匠需要强大的工具以及运用那个工具的技巧，木匠有运用工具做任何事情的自由，但无论何时，木匠都必须知道自己正在运用什么工具，以及正在做什么事情。

## 本书的项链式结构

本书可以按照一定的逻辑顺序来撰写，使每一个部分前后承接。

本书也可以用一种干净整齐、井井有条的方式将所有工具放在一个部分，再将结构放在一个部分。而所有的思考"习惯"也可以放在一起来介绍。

但如果用以上的办法来撰写本书，那么本书就不可能是一种教学的风格了。

因此，本书的写作顺序和结构安排是特意为方便父母们教孩子而设计的。

请想象一条项链（见下页图）。每一颗珠子都自成一体，但是所有的珠子串在一起就成了一条项链。同样，每个思考方法都是独立的，但也可以串成一条项链，而每一个方法也可以取出来单独使用。这种写作方法与传统的"层级式"写作方法不同，后者要求每一步都必须建立在前一步的基础之上，没有理解前一步，就不能理解后一步，只停留在第一步而不上升到第二步，其结果是毫无意义的。

项链

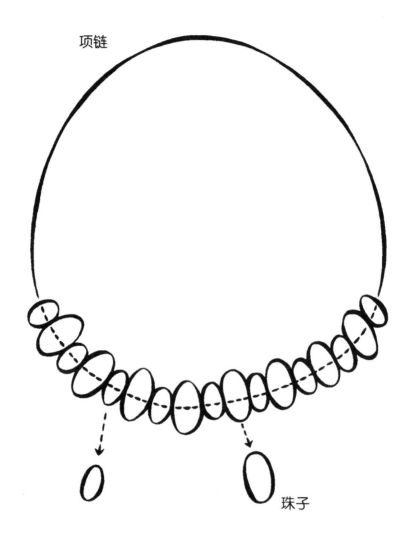

珠子

这种项链式方法我有的时候也称为"平行"法。这一方法意味着当老师教给学生五个思考工具时，如果一个学生不理解其中一个工具，那他可以离开，直到教另外的工具时再来学习。即使忘了第三个工具或者不知道什么时候运用第四个工具，第五个工具也仍然可以充分使用。这就像放在箭袋里的几枝箭一样，每枝箭都有自己独立的使用价值。

## 教学顺序

假设一个简单的思考过程包括三个步骤：

1. 集中焦点
2. 使用思考工具
3. 得出结果

先选择一个思考焦点，然后运用某个思考工具对它进行思考，最后得出某个结论，按照这样的步骤来教孩子是可行的吗？不然。思考的步骤和教孩子如何思考的步骤是不一样的。

我们有很好的理由把这一顺序倒过来教，因为我们一般都是先知道结果。

以"结果"作为教学过程的开始是有好处的，这可以让孩子在发展思考技巧的过程中找到一种成就感。

出于很多考虑（包括如何激励孩子的考虑），本书运用了比较实用的顺序。因为，本书并不是一本介绍思考原理的书，而是一本帮助家长教孩子如何思考的实用手册。

## 本书中的正式的练习

假设你从来没有看过别人打乒乓球，只要你站在角落里观察 15 分钟，你就会马上明白乒乓球比赛是怎么回事，但这么做就能使你变成一个会打乒乓球的人吗？

思考也是一样。本书里的每一个部分几乎都容易理解，你可以通读全书以后在五分钟内就理解了每一个思考方法，但这并不能使你成为一个优秀的思考者。唯有通过练习，你才能成为优秀的思考者。这种练习不是随意的思考练习，而是有意识地运用某个思考工具或方法的练习。一个木匠可以拿着一把锯子并描述它是怎么使用的，但是只有练习如何使用锯子，木匠才能真正掌握技巧。

在一定程度上，练习必须是正式的、有意识的、有纪律的，我们始终要记得体育训练的例子。你必须留出时间来进行练习。

因此，有必要专门留出时间来进行思考练习。你可以把练习称为思考"课程"、思考"会议"，或者其他什么更好的名称。

正式练习的时间不能少于 20 分钟，也不能多于 25 分钟。练习的时候请计时。这里所建议的练习时间是根据一个家长和一个孩子的情况来考虑的。如果孩子较多，可能就需要更多的练习时间，因此，可以把练习时间调整到 30 分钟到 1 个小时。

教学课程可以安排在每周的固定时间进行，或者分别为每次思考会议安排一个特定的时间。

除非孩子的学习意愿非常强烈，我建议家长最好是安排一周一课，也可以增至一周两课。如果全家正在度假，那就可以安排一天一课（只要课程充满乐趣的话）。

每一课应该上多少内容呢？

一般的原则是，每一课的内容以讲授一个新思考技巧为限。实际上，我强烈建议每个新的技巧应该上两课。

在上课过程中，除了学习新技巧以外，也可以做一些关于前面课程内容的练习，还可以进行一些思考游戏。始终记住，每一课都必须做到生动有趣。尽量避免停顿在某个乏味的地方。

## 非正式的练习

除了正式的练习以外，所有的思考工具、习惯、方法和态度都可以随时以非正式的方式进行练习。

在合适的情况下，父母可以提醒孩子记起某个思考工具，也可以要求孩子运用某个工具来看待正在讨论的问题，还可以指出某个成功运用思考方法的例子。

父母可以随时介绍思考游戏给孩子，每个游戏只能做几分钟。

非正式的练习非常重要，因为这是把思考技巧融入日常生活的有效途径，非正式的练习使思考技巧不再局限于课堂使用。

但非正式的练习也不能过度滥用，以免孩子觉得烦躁。

使用思考技巧有两个方式。第一个方式是正式地、直接地、有意识地使用某个思考工具或方法。例如，我们可以说："让我们对此做个 PMI（思考工具之一）吧。"

第二个方式是含蓄地或隐蔽地运用某个思考习惯或原则，而不把它正式地说出来。例如，如果有人对你说只有两个可能的办法来解决某个问题，你可以这么想："也许他是对的，也许真的只有两种方法来解决这个问题，但是我得花几分钟来看看还能不能找到其他的办法。"

不要对正式地、直接地运用某个思考工具和方法感到害羞。用直接的方式来使用思考工具是最有效的，一开始这种方式会显得有点尴尬，但过一段时间就会习惯成自然。不要误以为：不明确直接地指出某个正式的思考工具的名称，也仍然能够有效地传授和运用它所蕴含的思考态度和思考习惯。多年的经验告诉我，这么做是事倍功半的，我们的大脑需要经由正式明确的称谓来指引注意力，仅有潜意识的态度是不够的。

## 本书练习题内容及使用比例

本书提供了大量的练习题。你可以完全采用本书提供的练习题，也可以增加你自己的练习题，但是当心不要加入过多严肃的练习题。培养思考技巧的过程应该是富于乐趣的。思考技巧一旦被养成，自然就可以应用到更重大严肃的题目之中。

1. **有趣的练习题**：这些练习题富于想象力、富于思考性，它们一点也不严肃，甚至看起来有些疯狂。尽管如此，对其进行思考的原则、功能和过程却是非常真实的。"如果人们在胸口上都长出了第三只手，会发生什么？""让所有 10 岁以上的小孩每周都参加 10 小时的有酬工作，这是个好主意吗？""如果狗能说话，世界会发生什么改变？"

2. **生僻的练习题**：这些练习题是很有意义、与真实生活贴近的，但它们超过了小孩子的经验范围。这些练习题可能来自于企业界、政府或成人生活。"在选择地址来开一家快餐店的时候，你会考虑哪些因素？""你怎样解决城市交通堵塞的问题？""怎样才能最好地处理家庭垃圾？""你开的店里总是发生盗窃事件，你怎么解决这个问题？"

3. **日常的练习题**：这些练习题直接与孩子们的年龄、同龄人、环境和兴趣相关。"你最好的朋友好像在躲着你，你不知道这是为什么，你该怎么办？""和你住在同一个房间的哥哥总是乱扔东西，把房间弄得乱糟糟的，你该怎么办？""你有三个选择来度过你的假期，你怎么做选择？""你邀请你的朋友们来开一个派对，你怎么做准备？"

4. **严肃的练习题**：这些练习题跟孩子的生活直接相关，它们取决于孩子的年龄、兴趣和生活情况。家长可以根据真实生活中的需要和困难来设计新的练习题。应该谨慎地使用这些练习题。最重要的是，家长不要借题发挥，把这些练习题变成对孩子的变相"说教"。和其他类型的练习题一样，严肃的练习题也应该用客观的态度来对待。"青少年应该抽烟吗？""你希望有晚回家的自由，但你的父母希望你早点回家，你该怎么做？""你知道你的朋友们在尝试吸毒，你怎么劝他们不要吸毒？""你总是找不到时间来学习，你怎样解决这个问题？""你怎样在附近交更多的朋友？"

应该混合使用各个类型的练习题。有趣的练习题对激励孩子并使课程显得有趣很重要，运用这种练习题十分有助于孩子培养思考技巧，因为在思考过程中不容易有偏见、情感或经验干预进来。生僻的练习题让孩子接触到了成人生活和真实世界的问题。就我的经验来看，孩子们实际上很喜欢解决这些问题，而且，这些问题为他们将来的生活提供了思考背景，并使他们对报纸和电视上的新闻有了更清楚的认识（事实上，也可以用报纸上的报道来设计练习题）。

要是以为孩子们只对自己熟悉的日常生活感兴趣，那你就错了。但是，日常的练习题的确有助于展示出如何把思考技巧应用到日常生活之中。很难提供一个适用于不同年龄、不同情况的孩子的日常练习题，所以家长们最好是根据自己孩子的情况来设计最能引起孩子直接关注的练习题。

严肃的练习题旨在表明思考技巧不只是一种游戏，而是可以应用到严肃重大的事务之中。但请记住，当严肃的问题一旦得到解决之后，就没有必要对之进行过多的练习，以免孩子的注意力转移到练习题的内容而非思考技巧上面。

如果我必须给父母们提出建议按照什么样的比例来混合使用各类练习题，那么我想应该是这样：

◎培养思考技巧的阶段：

有趣的练习题　40%

生僻的练习题　30%

日常的练习题　20%

严肃的练习题　10%

◎将已经掌握了的思考技巧付诸应用的阶段：

有趣的练习题　20%

生僻的练习题　30%

日常的练习题　30%

严肃的练习题　20%

## 练习的方式

怎样进行这些思考练习呢？

**示范：**你作为家长或老师，应该先亲自做一个练习题，以示范孩子如何使用某个特定的思考工具或技巧。既然你要求孩子解答某个练习题，那么你应该能够不经过准备也能解答这个练习题。

**共同做练习：**父母和孩子一起做练习题，每个人都提出思考答案。作为父母，你应该一开始就克制自己，以便让孩子自己提出思考答案，等孩子提出来以后，你再提出你自己的。共同做练习并不意味着父母和孩子可以相互争论甚至讨论，而是意味着父母和孩子一起工作，就像汽车引擎里的汽缸一起发挥作用一样。

**提出要求**：这是常规的教学方式。你要求孩子做一道练习题，有的时候你可以要求孩子马上回答出来，有的时候可以给孩子几分钟思考时间。在回答之前，你的孩子可以花几分钟做一些基本的笔记。

**平行地做练习**：父母和孩子各自独立做练习题。最好是通过做笔记甚至写出来的方式来做练习。练习时间结束时，将两个答案做比较。如果孩子看到自己的答案和父母的一样好（甚至更好），将会备受鼓舞。对能力较差的孩子，我们不推荐这种方法。

**分组练习**：如果有一个以上的孩子（或成人）当学生，那么可以分组进行练习。家长提出思考任务，然后各组一起做出来。当练习时间结束时，各组选出一名发言人来报告思考结果。

**写出来**：一般而言，所有的思考练习都可以用口头表达的方式来进行，但做笔记是有裨益的。父母偶尔可以布置一项思考任务，要求孩子以书面的方式表达思考结果。如果思考方法涉及到运用图表，那么思考结果就必须以图表的方式来展现。在这种情况下，最好是让孩子当堂而不是课后给出思考结果。

## 本书的性质

本书并不旨在解释说明思考的各个方面，也并不打算讨论思考的原理。

本书追求实用和有效。

如果按照一定的纪律来运用本书，那么本书将提供大量有用的思考工具、思考结构、思考习惯和思考态度。即使读者只从本书学习了一部分思考技巧，这些技巧也具有独立的实用价值。

本书涉及到的一些观念和方法，我将在以后的著作中做出更详细的介绍和说明。

# 年龄和能力

## ——使用本书的注意事项及建议

如何将本书运用于不同年龄和能力的孩子，在此我将提出一些建议。这些建议仅供参考，父母完全可以根据各自的具体情况自由地做出决定。就我的经验来看，父母和老师经常低估了孩子的思考能力，以及孩子对不同题目进行思考的能力。经常有老师对我说："我班里的孩子太小了，还不能解决这样的问题。"我建议他们尝试一下，他们尝试了，结果，孩子们表现出来的思考能力使他们大感意外。

## 简化

教孩子思考时，一项最基本的原则就是"简化"。与其完全跳过书里的某个部分，还不如先通读这个部分，然后将其简化。当然，过度简化也是不可行的。本书中有些部分比其他部分更为详尽，这比较适合那些年龄较大、能力较强的孩子，但即使是这些部分也可以被简化。

在教某个工具之前先问问自己："教这个部分，用什么方法最简单？"

不要害怕漏掉了某个重要的部分，将注意力放在你教了什么，而不是你漏了什么。有效的简化会使思考技巧易于理解。

最首要的一条原则仍然是避免混淆。如果有些事物看起来令人迷惑，那么请从头来过。

在教完某个内容后，最好让孩子复核一下。这是检查孩子懂了哪些内容的最好方法。

举例和练习可以使教学内容更加清晰明白。记住，你教的是技巧，而不是原理。

## 分组

本书适用的孩子分为三组：

幼儿组：9 岁以下的孩子

少儿组：9 到 14 岁的孩子

青少年组：14 岁以上的孩子

这种年龄划分可以根据孩子的能力而改变。例如，一个能力很强的幼儿组的孩子可以被当作少儿组的对待，能力较差的青少年组的孩子可以被当作少儿组的对待。

父母的耐心程度也可以改变以上分组。打算花时间学习本书并努力简化本书内容的父母，可以对幼儿组的孩子使用少儿组的资料，对少儿组的孩子使用青少年组的资料。

## 幼儿组

对于四五岁的孩子，画画法非常重要。尽管本书在最后才描述这一方法，但这个方法可以现在就开始使用。

父母应该自己阅读本书的第一部分，但不要向孩子教这一部分。

本书的第二部分大多可以直接教给孩子。木匠的范例是一个基本范例。态度广泛体现在各种做事过程中。

六顶思考帽的方法可以用于四岁的孩子。对这个年龄段的孩子，应该尽量以简化的方式来教。

将每一顶帽子的思考方法单独教，不要教孩子帽子的使用顺序，除非孩子的能力特别强。

以简化的方式教给孩子"结果和结论"这一部分，这部分很重要。"前进或平行"也可用简化的方式来教。"逻辑和感知"这一部分可以省略。

所有指引注意力的思考工具：CAF、APC、OPV、C&S、PMI、AGO、FIP，都必须教给孩子。学校教育（在那里，一名老师教更多的孩子）的经验表明，这些工具可以教给 6 岁以上的孩子。在教这些工具的时候，父母应该多举例多练习。教 C&S 和 AGO 的时候可能有些困难，因为孩子们不太善于处理结果和目标。

"价值判断"部分很重要，不能跳过，但这部分里面的"焦点和意图"

可以省略。

第三部分应该大大简化。这部分里面的"宽泛和具体"很重要，但很难教给幼儿，因此，让孩子了解一般性的概念即可。"基本的思考操作"不必过分详细地展开，没有必要对每一类思考的基本操作都教一遍。这部分的练习很有用也很有趣。

"真理、逻辑和批判性思维"是必教的一部分，因为它是思考中的一个重要部分，但可以用简化的方式来教。尽量避免混淆。"在什么情况下？"这一内容并不难教，家长应该有所提及。

"假设、猜测和激发"很容易教给幼儿，因为幼儿大部分时间做的活动正是这些。家长在教的时候要做到鲜明、强烈、简单，但不要试图向孩子区分什么是假设、猜测和激发。

"水平思考"的背景部分可以省略。应该通过大量举例和练习，以简化的方式教给孩子"激发和PO"以及"移动"等技巧，孩子只有通过使用（而不是解释）才能掌握这些技巧。

"随机词"的技巧对所有年龄段的孩子都非常有效，他们喜欢通过随机输入一个词语来激发创意。这一技巧应该得到大量充分的练习。

本书的第四部分并不是为幼儿设计的，但是可以一般性地介绍一下 TO／LOPOSO／GO 这一思考结构。这个结构并不包含任何复杂的概念，一般而言，父母应该和孩子一起学习其中的每一个步骤，把五个步骤用方框形象地画出来（以便分别进行填充）会很有帮助。

另外，我建议将第四部分中的"争论和分歧"进行简化，它旨在考察每一方的想法是什么。还可以尝试运用指引注意力的工具来学习"小的决定和选择"这一内容。

## 少儿组

尽管父母应该阅读本书第一部分，但没有必要教孩子这一部分。

第二部分应该全部教给孩子。

第三部分都可以教，但是有必要简化这三个内容："真理、逻辑和批判性思维""假设、猜测和激发"以及"水平思考"。

第四部分可以全教，但是这一部分比其他部分更详细，所以有必要进行简化。解释每一部分的基础，然后尽可能多地做练习就足够了。在教孩子的时候，应该先建立一个鲜明、强烈、简单的基础，然后在此基础上添加细节。

第五部分也可以全教。

## 青少年组

整本书都可以教。实际上，青少年组的孩子可以自己拥有一本书，并通读一遍。例如，孩子应该了解第一部分的资料，最好是孩子先读这些资料，然后和家长讨论。在讨论中，不要去辨明"什么是对的，什么是错的"，因为这会使孩子认为这一部分是好的，那一部分是不好的，从而削弱了思考技巧的发展培养。讨论的态度应该是："作者在这里想要说些什么？这怎样才能有用？"

有些能力较强的青少年会觉得他们自己的思考已经很好，不需要学习第二部分了，因为他们已经在做的正是第二部分所教的。但经验表明，情况并非如此，宣称在做这些思考的人其实名不符实。实际上，即使是高智商的成年人和天才儿童（IQ 在 150 以上）也应该运用这些思考工具，如果这些工具非常简单，那么家长应该要求孩子非常有效地、更详细地运用这些工具。理解每个工具的确是件简单的事，但是运用工具则是另一回事了。

第三部分可以详尽地教学，应该对这三个内容展开讨论："真理、逻辑和批判性思维""假设、猜测和激发"以及"水平思考"。

第四部分特别适用于青少年，因为它涵盖了青少年可能遇到的所有思考情况。这一部分应该全部详细地教给青少年。

在第四部分的教学中，应该始终坚持这一纪律，即逐一按照思考结构中的每个步骤来进行思考。年龄较大或能力较强的孩子往往认为了解事情的大概就足够了。思考步骤并不难执行，尽管有的时候它们看起来似乎没什么必要，但是养成按照这些步骤来思考的习惯是非常重要的。

第五部分可以全部学习，"报纸练习"和"十分钟思考游戏"尤其适用于青少年组的孩子。

**进一步使用和重复使用**

　　如果你的孩子属于幼儿组的孩子，那么随着孩子逐渐长大，依次进入少儿组和青少年组，在以前教学时省略掉的部分就应该重新补上。

　　不能在读一遍之后就把本书忘记，你可以反复地复习它。每一次你都可以集中在不同的焦点（例如，"水平思考"的技巧）进行复习。当你遇到需要选择的情况时，你可以回过头去练习"决定和选择"部分。你还可以复习一下"六项思考帽"，以便用其中的方法来更好地举行家庭会议。

# 思考的行为

思考的行为说到底有两种形式：

1. 你想思考。
2. 你不得不思考。

**你想思考：**你有一种做事的方法，即使没有出现问题，你也仍然能够用同样的方法来做事情，但是，你想看一看有没有更好的做事方法。能把事情做得更快吗？能以更简单的方法来做事吗？能用更小的成本来达到目的吗？能在做事过程中减少错误、浪费、污染和危险吗？等等。这些问题都是改进事物的关键问题。这种思考在企业经营、工程设计、政府工作等领域非常重要，这些领域都强调提高效率、实用效果和削减成本。我们的个人生活也是如此。但困难在于，你不能总是被迫进行这种思考，你必须主动想要进行这种思考。

你在做一个决定或选择，你在组织某件事情或者布置某个计划，你在设计什么东西，在做所有这些事情的过程中，你可能没有碰到什么阻碍，但是你觉得如果你投入更多的思考，那么你的选择、决定、组织、计划或者设计会更好，因此，你想花时间来仔细思考。经过充分考虑的决定比一时冲动做出的决定要好，精心设计出来的方案也比脑海里闪现出来的第一个方案要好，所以你想思考。如果你知道了一些思考工具和思考框架，你会更有动机来进行思考。没有这些思考工具和框架，你可能只会原地踏步。因此，学习思考技巧还会激励你去使用它们。

我们还必须补充说明，有时候你想思考是因为你已经变得喜欢思考。当思考变成一种你喜欢的习惯、运动和技巧时，就会发生这种情况。

**你不得不思考：**你碰到了一个无法解决的问题，你在做决定的时候左右为难。你所面临的冲突日益升级，你需要有一个新创意，但就是想不出来。你需要寻找新的机会，但就是找不到。总而言之，你碰到了阻碍，你不能前进，你没有选择，你不得不思考。解决这类困境并没有常规的办法，常规的思考也帮不上忙，所以你不得不努力地思考。

当然，你的"需要"和你的"贪婪"是有区别的。有的时候你不得不思考，因为即使你没有要求进步但也出现了危险或问题需要你去解决。如果你正在开车的时候轮胎却瘪了，你就不得不去解决这个问题。而"贪婪"意味着你想更进一步，比如，你想赚钱买一辆更好的汽车，你想找更有趣的地方来度假，你想结交新的朋友，你想开创新的事业。虽然你不一定真的要实现所有这些事情，但至少你想做它们。如果你想做却苦于没有门径，那你就不得不思考了。

显然，你把思考技巧掌握得越好，你就越不容易碰到阻碍。日积月累，你就会从"不得不思考"进入到"想思考"的境界。

## 常规的与非常规的

可以说，思考的目的就是为了废除思考的需要。如果我们能够通过思考把每一件事情都变成常规的反应，那我们就不再需要思考了。

在某种程度上，我们已经在电脑领域这样做了。我们努力建立"专业程序"，以便把情况输入电脑后，电脑就会做出常规的判断并给出答案。这使我们无需再做任何事情，也有助于我们解放出来把思考技巧应用于其他方面。

的确，我们应该不时地运用自己的思考来解决问题，并改进既有的常规事物，就像高尔夫球手总是需要改进自己的挥杆技术一样。但是一般来说，我们不需要思考常规事物。

在实践中，我们的大部分思考行为都旨在寻找正确的常规程序。当长皮疹的小孩前去就医时，医生必须判断出这是麻疹、太阳晒伤的、过敏还是其他类型的皮疹。当医生做出诊断后，就能给出常规的医疗方案。诊断过程就像思考过程，我们力图把不熟悉的情况转换成我们能够给出常规反应的情况。数学的主要策略之一就是把一个难题转换成可以用常规程序来解答的题。

最后，有的情况确实要求我们做出新的思考，比如在需要新创意、新发明、新的解决方案的时候，这时无法启用常规，所以只对情况做出简单的辨认是不够的。但无论如何，我们的思考最终要摆脱常规，将事物重新组合以得出新的结果。

思考也有常规程序。比如，我们可以设立创造性思考的常规程序，以便在需要创意的时候运用这一程序。学习完本书之后，孩子们会得到这样一套常规的操作程序。

## 焦点、情况和任务

如何运用思考技巧、方法、程序来处理某个需要思考的情况，取决于我们如何定义思考的需要。

"情况是：我们需要有 10 个人组团旅游才能享受打折优惠。约翰已经决定退出，这样我们就只剩下 9 个人了。任务是：要么说服约翰留下来，要么找别的人来代替，要么让约翰给我们赔偿。现在，先让我们把思考焦点放在如何找别人来代替约翰上面。"

我会在后面的内容中更详细地说明思考焦点、任务和情况。

很多时候，我们只对情况、焦点和任务有一般的了解，我们常常没有对之做出明确的定义或者将它们表述出来，因为我们假设每个人都知道情况以及思考的目的。

然而，将情况、任务和焦点明确地说出来会非常有用，因为别人可能对情况有不同的理解，或者别人关注的焦点不一样，因而思考任务也不一样。只有事情被明确表述出来，我们才可能同时执行同一项任务。

**情况**：情况是什么？它是哪一种类型的情况？

**任务**：我们现在正努力做什么？我们为自己设立了什么样的任务？

**焦点**：我们关注什么？我们现在思考的是什么？

## 换挡

很多人问过我是否有一个放之四海而皆准的"理想"的思考模式，我的回答是：没有。

高尔夫球手在球袋里放着好几根球杆，每根球杆适用于不同的目的。

你不会拿轻击棒来推球，也不会拿推球棒来击球。人工换挡的汽车有好几挡来适用不同的情况，即使是全自动的汽车也有用于前进和后退的挡，你不可能用同一挡来同时做到前进和后退。

在思考过程中，我们有时想对不同情况表现出不同的态度。例如，我们会以武断的方式来证明某件事情不能做，也会力图从一个观点（不论这个观点有多么错误）推导出另一个新的观点。有的时候，我们想在看起来最可行的框架内工作，而有的时候我们却要挣扎着逃离这个看起来最可行的框架。

思考工具和方法有的时候会看起来相互矛盾，因为设计每个工具和方法时都出于不同的目的。锯子是用来锯木头的，胶水是用来粘东西的，这些工具功能相反，但各有其用。

在进行思考时，我们通常需要合乎时宜地转换方法和工具。

## 实用的思考

实用的思考有三个层次：偶然的思考、讨论和应用性的思考。

**偶然的思考：**偶然的思考发生于我们的日常生活之中。比如，在和人们谈话，处理日常事务，解决小问题，读报纸或者看电视，购物，使用交通工具或者开会时，我们偶尔会思考一下。

这种偶然性的思考会运用到本书介绍的思考态度、原则和习惯，但没有必要用到思考工具或思考框架。人们偶尔会"停下来思考"并直接使用某个工具。在和别人进行交谈时，思考工具可能成为引发别人思考的一个有用代码，但前提是别人应该知道这些代码是什么意思。

**讨论：**讨论即是人们聚在一起针对同一个思考目的进行探讨。讨论包含了考察、考虑、商讨，有的时候甚至是争论。

参与讨论的人知道他们要思考某个问题，交换意见，并形成新的想法。

虽然我们希望参与讨论的每个人都具备一定的思考态度、原则和习惯，但最好还是明确地说出并有意识地使用特定的思考工具（比如六项思考帽）。偶然的思考不大可能富于成果，争论也不是考察事物的最好办法。

除了安排会议进程和进行会议总结以外，人们大多不会运用任何思考框架。但是如果人们是为了思考的目的而聚集在一起，他们就应该有效地运用思考方法。当然，有些会议的目的不是为了思考，而是为了交流。

**应用性的思考**：在这里，思考的需要被定义出来，比如，需要做出选择、决定，制定战略，解决问题，完成任务，解决冲突，等等。可以先定义出情况，然后明确说出思考的需要。

这涉及到"想思考"还是"不得不思考"。一般性的讨论是不够的，我们需要使用一些思考工具和思考框架，以解决特定的情况。

## 自动的和有意识的

随着时间的推移，我们会自动养成良好的思考态度、思考原则、思考习惯和基本操作，这些会对我们的思考形成有益的背景。

一些指引注意力的工具也会成为你的第二本能，使用这些工具会变成你的常规行为。

但无论如何，仍然有必要有意识地、遵从一定纪律地使用这些思考工具（尤其是创造性思考的工具）。

很多富于创造性，并且多年来一直在其职业生涯中使用水平思考技巧的人告诉我：以有意识的方式（一步一步地）来使用思考技巧仍然有助于他们获得最好的效果。

## 小结

本书提供的一些思考技巧会成为思考行为的自然组成部分，但有些思考工具和技巧仍然需要有意识地、遵从一定纪律地使用。

在有的情况下，思考者并不刻意做出思考努力（比如偶然的思考）。

在有的情况下，你想力所能及地做出最好的思考。

在有的情况下，你碰到了阻碍，因而不得不做出最好的思考。

# 思考的本质

我总是把自行车视为人类最伟大的发明之一，因为自行车是一种更有效运用人本身的精力、肌肉和骨骼的装置。骑在自行车上，人们可以走得更快更远，而且还没有借助任何外力。

假设我们把一些人排成一列，要求他们赛跑。有的人跑第一，有的人跑第二，有的人跑最后一名，这完全依赖于他们的自然能力。如果我们设计出自行车，然后训练人们骑自行车，那么这场比赛就会变得不同，每个人都会比以前跑得更快更远。

思考也是一样的道理，我们可以运用自己天然的思考能力，这种能力也能帮我们达成目的。但是如果我们发展出一定的思考方法、框架和符号，那么我们就可以做得更好。

数学是最好的例子。我们发展出一系列的数学符号和运算体系，以更好地进行庞大的演算，我们不会只坐在那里为自己天然的数学能力沾沾自喜。

自行车和数学的例子表明了，我们完全可以发展出思考方法，来使思考更好地进行。

## 大脑的本质

在加勒比海度假时，你的着装只需要三件东西：衬衫、裤子和鞋子，有多少种方法来穿这三样东西呢？

第一件穿什么，你有三种选择。当穿上第一件之后，第二件穿什么就有两个选择。最后，第三件穿什么只剩下一个选择。

因此，你着装的方法有 6 种。数学计算很简单：$3 \times 2 \times 1 = 6$。

如果你有十一件东西要穿，那有多少种选择？第一件穿什么有十一个选择，接着是十个……数学计算是：$11 \times 10 \times 9 \times 8 \times 7 \times 6 \times 5 \times 4 \times 3 \times 2 \times 1 = 39,916,800$。事实上，有些选择是不可行的，比如，我们不能在穿裤子之前就把鞋子穿上。只有 5000 个选择是可行的。

如果我们逐一尝试每一种穿法，那么我们每天早上都会花费大量的时间。但事实是我们不必如此，因为我们的大脑已经建立了常规的模式，我们只需遵从这个常规模式就可以了。

大脑的本质即是将我们所有的经验建立成常规的模式，因为大脑是一个自我组织的系统。

## 自我组织

请想象一张牌桌。玩牌者根据游戏规则在牌桌上移动牌，牌和牌桌都是被动的，玩牌者则采取行动。我们的信息系统就像这样。我们储存符号、词汇、图形，然后根据游戏规则移动组合它们，这个游戏规则可能是数学的、逻辑的或者语言的。

让我们考虑另一种不同类型的系统。雨下到地面上，随着时间的推移，雨水形成了小溪、河流，这就是自我组织的系统，因为雨水和地面自动形成了水流的模式。

当今世界对自我组织的系统越来越感兴趣。在我于 1969 年出版的《大脑的机制》一书中，我展示了大脑中的神经系统如何形成了强大的自我组织系统，从那以后，很多人将这个理论做出了进一步的发展。在我的另一本书《我对你错》中，我再次描述了这一机制，并提出正是这种信息系统形成了我们传统的思维习惯。

我们对感知、幽默和创造力的理解直接取决于对自我组织系统的理解。幽默是人类大脑最出色的一种行为，因为幽默恰好体现了自我组织系统的本质。哲学家和心理学家们往往忽略了幽默和创造力，这证明他们的考察只不过限于消极的系统，而没有触及到自我组织的系统。

自我组织的系统会建立起各种模式，一旦我们采用了某个模式，我们除了沿着那个模式前进以外别无选择。这一模式适用于一些特定的情况，但是如果情况改变了，模式也就应当改变。因此，真正的模式并不是固定不变的，而是富于变化的。

## 我们能做什么?

如果大脑已经建立了模式,那我们还能做什么呢? 我们是不是只需要跟从那些模式就可以了?

请想象一个斜坡。你把一个球放在斜坡顶上,球就会顺着斜坡往下滚。球会自动地滚下来,但是你选择了把球放在斜坡顶上。

想象斜坡很宽,而且斜坡下面有一个盒子来接住球。你的任务是把盒子击倒。于是,你不能再把球放在斜坡顶部的任何一个地方,而是必须选择一个让球滚下来之后会击倒盒子的位置。

思考也是同样的道理,思考就是把大脑所做的和我们要求大脑做的结合在一起。

将 5 + 11 + 16 计算出结果,这非常简单。有的人会发现,如果把这些数字从上到下排列出来做加法,那么算起来更容易。而有的小孩子会发现,如果把每个数字的点数排列出来,那么直接数点数更容易。在这个例子中,我们看到了我们可以如何安排大脑找出更容易的做法。

如果让你说出两个看起来十分相似的方形哪一个更大,你可能很难辨认,但是如果你把两个方形重叠在一起,就很容易看出谁大谁小了。在这里,我们又一次将事物重新安排,从而使大脑更容易执行任务。

你坐在一个有上万名观众的体育馆里。你对自己说:"我想找出所有那些穿黄色衣服的观众。"当你环视体育馆观众席时,就会发现那些穿黄色衣服的观众似乎从人群中凸现出来。你的大脑准备好寻找"黄色",于是你的注意力就转移到了黄色。

## 指引注意力的工具

很多思考工具都是指引注意力的工具。感知就关系到对注意力的指引,而不是让注意力随处漫游。

有的时候,借助思考工具或框架,我们可以一次做一件事情,而不是在同一时间做所有事情。

因此,即使大脑有自己的性质,我们也能够想办法让这些性质按照我们喜欢的方式来发挥作用。

大脑的自然行为和有意识地进行思考，这两者并不互相矛盾。

## 训练

训练一个运动员的目的是为了减少错误，建立最有利的运动规则。在这里，运动员的表现取决于被神经所刺激的肌肉。

有些思考训练也类似于此。我们可以努力减少错误，或者至少发现错误，以便在错误发生时能够辨认出来，我们还努力建立有用的规则（比如，愿意寻找其他的解决方案）。

## 小结

作为一个自我组织的系统，大脑会将输入的信息组织成相应的模式，因此，大脑有自身的行为。然而，我们仍然可以进行干预，以便让大脑的行为更符合我们的目的。我们可以发展出指引注意力的工具和框架。此外，通过训练，我们还可以建立比天然模式更有效的常规模式。所有这些形成了发展思考技巧的基础。

# 第二部分
## 思考的习惯与工具

# 木匠和思考者

## ——思考六要素

我最喜欢用木匠作为思考者的范例。木匠制造东西，按照一步一步的步骤来做事情。木匠对木头的处理，和我们的思考过程有很多相似之处。

## 一. 基本操作

木匠的基本操作步骤较少，我们可以将其总结为三步：

1. 切割
2. 粘接
3. 成形

切割就是把你想要的那部分与其他的分离开来。在思考中与之相应的是：抽取、分析、集中焦点、关注，等等。我稍后会对这些做进一步解释。

粘接意味着用胶水、钉子或螺丝将不同的木头组合起来。思考中与之相对应的是：联系、关联、综合、分组、设计，等等。

成形意味着达成一定的形状，并将它与你脑海中想象的形状进行对比。在思考中与之对应的是：判断、比较、检查、匹配。

因此，木匠的基本操作步骤比较少（实际上还有钻孔、打磨等步骤），但是正是通过这几个操作步骤，木匠能制造出复杂的家具。

## 二. 工具

在实践中，木匠使用一些工具来执行几个基本操作步骤。木匠不会只是说："我想把这个砍下来。"他会拿起锯子并使用它。几千年来，木匠都是通过使用这些工具来有效地完成基本步骤的。

我们有锯子、凿子和钻子来切割木头。

我们有胶水、锤子、钉子、螺丝和螺丝起子来粘接木头。

我们有刨子和模板来使木头成形。

同样的道理，我们也有思考的工具。本书会提供一部分这样的工具（比如 PMI ）。

木匠通过使用工具掌握了技巧。一旦木匠能够纯熟地使用工具，就可以将这些工具进行不同的组合来处理不同的情况。

锯子的含义是十分明确的。同样，思考工具也是十分明确的，而且需要我们用明确的态度来对待它们。当你使用锯子时，你使用的是锯子，而不只是一种"切割的方法"。

## 三 . 结构

有时候，木匠需要把东西固定在某个位置才能干活儿，比如，必须把木头稳定住才能锯它，或者在上面钻孔。为此，我们就需要钳子和工作台。

当木匠希望把木头粘接起来的时候，就会把木头放在一个叫作"夹具"的结构中，这个结构有助于他进行粘接和建构。

同样，本书也提供了思考的"结构"，这些结构有助于我们将事物结合在一起以便于我们进行思考。

## 四 . 态度

一个木匠通常对自己的工作怀着某种态度，这个态度可能是始终追求简单的风格，也可能是强调家具的耐用持久性，而做出结实有力的家具是所有木匠都有的态度。

同样，一个好的思考者也有影响着自己思考的态度。

## 五 . 原则

态度是一般性的，原则是具体的。两者经常产生重叠。

一个木匠总是有很多指导原则来决定该做哪些事情和该避免哪些事情。

这些原则可能包括：

顺着木头的纹路来做。

让粘接处的面积最大。

测量每件事物。

胶水不能太厚。


同样，也有很多原则用于指导思考。例如，好的思考总会检查前提条件，看看理论能否成立。


## 六．习惯

木匠有很多工作习惯。这些习惯不一定是自然形成的，木匠必须时刻提醒自己养成这个习惯，直到他能自动自觉地运用这个习惯为止。

这些习惯可能包括：


在使用完工具以后立刻将工具放回工具箱。

定期地把切割工具磨得锋利。

时常检查模板有没有变形。


有的时候，自觉运用原则也是一种习惯，因此，习惯与原则两者的界限并不总是泾渭分明的。重要的是，习惯是常规性的程序。

同样，优秀的思考者也应该建立常规性的习惯。例如，作为一种常规性的行为，思考者应该时常在任何一点上停下来想一想还有没有其他的选择，看看还存不存在其他的看待事物的角度，其他的解释，其他的原因，或者其他的价值判断，等等。


## 小结

木匠的范例向我们提供了思考技巧的所有要素。


**态度**：我们进行思考所保持的态度。

**原则**：导致良好思考的指导原则。

**习惯**：我们自觉采取的常规行为。

**基本操作：** 思考的基本操作步骤。

**工具：** 我们有意识练习和使用的思考工具。

**结构：** 将事物结合在一起便于我们思考的结构。

在思考时，我们始终要记得木匠是怎么做的。

# 优秀思考者的态度

态度影响着我们的整个思考，所以我在这里要先提出优秀思考者的态度，这些态度将贯穿于本书的其他部分。

习惯和原则将在本书的后面部分进行处理，在介绍完这些习惯和原则之后，会有大量的练习，那才是将原则和习惯加以总结的最好时候。

## 坏的态度

如果我们先找出什么是坏的态度，就比较容易知道哪些是好的态度。

- **"思考不重要，感觉才是一切。"**
- **"思考是令人乏味、令人混淆的，思考没什么好结果。"**
- **"我发现所有的问题都太难了。"**
- **"只有学者和知识分子才需要思考，其他人没有必要思考。"**

这些都是消极的失败主义者的态度，这些人对自己的思考没有信心，也没受过如何思考的培训。与此相反，还有一种坏习惯，即有的人对自己的思考过于自负，并常常误解了思考的目的。

- **"我觉得思考非常容易，你只要看看情况是什么，然后做出决定就行了。"**
- **"我发现我总是对的，要为自己的观点辩护一点也不难。"**
- **"思考的主要目的就是证明那些不同意你的人是错的。"**
- **"如果你在思考中一点儿错也没有犯过，那么你的结论肯定就是对的。"**
- **"只有一个正确答案，没有看到这个答案的人一定是错的。"**

以上有些习惯可能看起来有些极端，而且人们从来不会在口头上这么说。但是如果你去观察，就会发现许多人的思考的确基于这些态度。

## 好的态度

这些是优秀思考者会表现出来的态度。很多优秀的思考者已经运用了这些态度，并使之成为他们自然"智慧"的一部分。如果你已经有了这些态度，那么把它们明确地表达出来并加以肯定，这将非常有用。如果你还不具备这些态度，那么你最好尽快地培养它们。

首先是关于思考技巧的态度。

• **"每个人都必须思考，每个人都能够思考。"**

思考并不像你的身高和眼睛的颜色那样是不可改变的。思考就像滑冰、游泳或者骑自行车一类的技巧，这类技巧是可以获取的。

• **"我是一个思考者。"**

这是所有态度中最好的一种。你的思考能力究竟有多好并不重要，重要的是你认为自己是一个思考者。

• **"我的思考会变得越来越好。"**

这个态度很重要，即使是最好的思考者也可以不断进步。这个态度激励着人们不断改进自己的思考技巧。

• **"思考需要付出有意识的努力。"**

优秀的思考者自然就会思考得很好，这种想法有很大的不足。思考需要付出有意识的努力，亦即需要我们运用思考工具或思考框架。思考并不总是自动发生的。

• **"一开始看起来复杂的事物通常可以变得更简单。"**

不要被乍看起来复杂的事物吓退，准备好去处理它们。我们有可能把它们变得更简单，即便没有做到，试一试也没什么坏处。

• **"一次只做一个步骤。"**

如果你一次只做一个步骤，并这么一步一步地完成，你就可以处理大部分的事情。清楚地认识到你想采取哪个步骤，然后执行它。

- **"让思考摆脱你的自我，客观地对待你的思考。"**

这做起来很难，但非常有必要。如果你想成为优秀的思考者，就应该明白"你"和"你的思考"是两回事。

- **"思考的目的并不是为了让自己在任何时候都正确。"**

思考的目的是为了得到更好的想法，并使思考变得更好。如果你追求始终"正确"，那么你最终得到的不会比你开始思考时更多。

- **"倾听和学习是思考的关键。"**

思考并不只是你提出自己的想法，它还包括别人提出的想法。

- **"始终保持谦虚，自负是思考贫乏者的标记。"**

当你周围的人都带有偏见、很盲目、视野狭窄，并且完全错误的时候，要保持谦虚是很不容易的，但是你在自己的思考中仍然应该努力做到谦虚。要意识到你的思考也可能是错的、有局限的，你的看法也只是各种看法中的一个。

以上是关于思考技巧及其运用的一些态度。现在，我们来看看关于思考本质的一些态度。

- **"思考应该是建设性的，而不是否定性的。"**

不要满足于攻击别人的观点并证明别人是错误的。否定性的思考已经被滥用，这种思考有的时候也具有价值，但其价值非常有限。从建设性的思考入手，将会进展得更多。

- **"与其争论不休，不如细心考察。"**

如果争论的目的真的是为了考察事物，那么你还不如放下争论，而更有效地去做一番仔细的考察。

- **"争论的对立方通常也有一些有用的、具建设性的地方，如果你努力去发现的话。"**

与其费尽心机地寻找对方的弱点进行攻击，不如试着看看对方的观点有什么价值。

- **"根据各自特定的感知，人们所具有的不同看法通常都各有其合理性。"**

与其把别人看作傻瓜，还不如试着去了解他们的感知，看看他们为什么会有那样的看法。

- **"我们完全有可能变得有创造性并产生新的创意。"**

创造力并不是只有某些人才拥有的天赋，你也可以努力产生出新的创意。（你也可以使用一些特别的技巧来帮助你。）

- **"不要害怕试验我们的创意。"**

你不需要从头到尾都保持正确，你可以试验一下你的创意。如果你把这些创意视为一种激发的话，你甚至可以有意识地使用激发来产生出更多的创意。

- **"在思考过程中的任何一点，都可能存在你还没有想到的其他选择。"**

永远不要认为你的思考已经包含了所有的可能性，也许偶尔真的有这种情况，但通常来说，你还有没有考虑到很多其他的选择（甚至是最显而易见的选择）。

- **"即使你认为自己是正确的，也要避免武断。"**

如果你的主意已经非常好，你也没有必要武断。如果你的主意还不够好，那就更不能武断了。你可以总是说："根据我掌握的信息，我认为……"

以上并没有列出全部的态度，你还可以添加其他的态度，这些态度可能以各种方式来表达。有些态度（比如"慢慢思考"或者"始终要考虑所涉及到的价值判断"），我在本书中把它们列为了原则或习惯。这几者之间常常有相互交叉的地方。在这里，我列出的只是关于思考的普遍态度，而不是指导思考的原则。

## 态度的练习 ////////////////////////////////////////////////////////////////////////

1. 解释并讨论"态度"的含义。这些态度可能包括关于运动、音乐、朋友和学校等的态度。

2. 阅读坏的态度。你的朋友中有没有人就具有这些态度？讨论：为什么有的人会具有这些态度？为什么这些态度是不好的？

3. 看看你能不能再添加几种坏的态度。你也可以把本书已经列出的坏的态度做进一步的细化，看看能不能发现更具体的坏的态度。

4. 逐一阅读好的态度，并讨论为什么这个态度是好的？你可能会指出在某种情况下，好态度就会变成坏态度，但为了不产生混淆，请尽量避免这么做。如果态度在大体上是有用的，那就足够了。

5. 请选出五个最有用的态度。这个任务的目的并不是真的为了选出五个最有用的态度，而是为了再次检视所有的态度（这是挑选过程中必然要做的）。

6. 如果要把好的态度合并成少数几个，你会怎么做？（这一练习适合青少年组或者能力较强的孩子做。）

7. 如果你必须再添加几个好的态度，你会添加哪些？（可以通过讨论或者写出来的方式进行练习。）


请注意：所有这些练习都是面向孩子或学生的，就像这些练习被摆在他们面前一样。

# 六项思考帽

## ——同一时间只做一件事情的思考方法

你试过这样做吗：把一本大书放在你的头上使它保持平衡，你的左手要摆弄两个球，右手要打开一块巧克力的包装纸？这太高难度了。的确如此，在同一时间内做很多事情，总是非常困难并且令人手足无措。

然而当我们思考时，我们经常企图在同一时间内做太多事情。我们要考虑各种情况，要进行逻辑的辩论，我们的情感也从某处参与进来，我们努力提出新的见解，并想看看我们的见解是否有效。在同一时间内要做这么多大大小小的事情，难怪我们有的时候会不知所措呢！当然，有的时候我们也只做一件事情，比如我们的头脑完全被情感支配了，或者我们完全致力于否定和批判。

六项思考帽就是用来帮助我们在同一时间内只做一件事情的。我们不再同时思考太多事情，而是在同一时间内只"戴"一项帽子。帽子有六种颜色，不同的颜色代表不同的思考类型。

**白色思考帽：**事实、数据和信息。我们有哪些信息？我们需要哪些信息？

**红色思考帽：**情感、感觉、直觉和预感。我此时此刻对这件事有什么感觉？

**黑色思考帽：**谨慎、真相、判断、合乎事实。这合乎事实吗？它有效吗？它安全吗？它可行吗？

**黄色思考帽：**优点、好处、节约。为什么它是可行的？为什么它有好处？为什么它是一件好事？

**绿色思考帽：**考察、建议、提议、新的创意或其他的选择。我们在这里能做什么？还有其他不同的主意吗？

**蓝色思考帽：**对思考的思考，控制思考过程，总结我们已经进行到哪里了，设立下一个思考步骤，设立思考的程序。

下面我们会对每一项帽子做更详细的介绍。

如果你看一看大型的投影屏，就会看见三个荧屏管都发出不同的颜色，而在屏幕上，所有的颜色都混合到一起形成了彩色屏幕。普通的电视机也是一样的原理，只不过我们看不见其背后的三个荧屏管而已。彩色照片的原理也相同，三原色被分别处理，但是最后却形成了彩色的效果。彩色打印也一样，三原色会被分别打印，但不同的颜色最后结合在一起就变成了彩色打印。运用六项思考帽就像这样，我们将不同颜色的帽子分开使用，以便达到最好的使用效果，最后，各个颜色的帽子结合在一起就带给了我们全面的思考。

有证据显示，当我们处于创造性状态、积极状态或消极状态时，大脑中的化学成分都有相应的细微变化。如果是这样，我们就必须将不同类型的思考分别进行，因为我们不能三头六臂地在同一时间内进行不同类型的思考。

## 为什么是帽子？

我们经常说："戴上你的思考帽。"帽子和思考之间有着传统的联系。

帽子经常表明了我们正在扮演的角色：一顶棒球帽，一个士兵的钢盔，护士帽，等等。

最重要的是，帽子很容易被戴上或摘下，帽子不会永远粘在你的脑袋上。这一点很重要，因为每个人都必须能够戴上或摘下每一顶帽子。

不同的帽子并不代表不同的分类。"她是一个绿色思考帽思考者"，或者"他是一个黑色思考帽思考者"，这些说法都是不对的。帽子的使用目的恰好与此相反，它不是用来将人们贴标签进行分类的，而是用来鼓励人们运用所有类型的思考。

## 指引注意力

六顶思考帽是真正的指引注意力的工具，因为它将我们的注意力指引到特定的方面和特定的思考类型。例如，红色思考帽使我们把注意力集中在感觉上面。

## 把思考变成角色扮演

- "让我们对此进行四分钟的绿色思考帽思考。"
- "事实是什么？请进行白色思考帽思考。"
- "现实一点，请戴上黑色思考帽。"
- "现在，请从黑色思考帽思考转换到黄色思考帽思考。"

当一个人戴上一顶帽子时，他或者她就扮演那顶帽子的角色。这就变成了一种游戏。

如果你不认为某个主意是可行的，而有人要求你对它进行"黄色思考帽思考"，你就应该努力找出那个主意的积极点。

如果在会议上，有人提出进行三分钟的"绿色思考帽思考"，那么所有与会人员都要努力想出其他的选择，或者提出新的建议。

你可以选择戴上红色思考帽然后说："戴上我的红色思考帽，我感觉这个情况太糟糕了。"

角色扮演有助于将自我与思考分离开来。

思考者正在扮演某种角色（绿色思考帽角色、黑色思考帽角色、黄色思考帽角色，等等），思考者良好地展现了他或她的思考技巧，并获得了一种成就感。

这种角色扮演将思考者解放出来。即使你喜欢一个主意，你也可以戴上黑色思考帽指出它有哪些不可行的地方，而戴上绿色思考帽，你就可以大胆提出新的见解。戴上红色思考帽，你可以自由地表达你的感觉和直觉，并且不需要为这些感觉和直觉提供任何理由。

在思考者被解放出来的同时，六顶思考帽还促使思考者进行更广泛的思考。要求别人戴上绿色思考帽，就是请他试着更有创造性一点；要求一个团队戴上黑色思考帽，就是请他们对某个创意进行仔细的评估。

## 在讨论中如何使用帽子

1. **自己使用**：你可以选择戴上一顶帽子以告诉别人你正在进行哪种类型的思考。

- "戴上我的黑色思考帽，我将指出这个主意错在哪里……"
- "我将戴上我的红色思考帽，因为我的直觉告诉我这可能是一场骗局。我不知道是为什么，但那是我的直觉。"
- "戴上我的绿色思考帽，我想提出一个新的建议。为什么不让人们从我们这里购买摩托车呢？"
- "看起来我们毫无头绪了。戴上我的蓝色思考帽，我提议先弄清楚我们想要做什么。"

当你自己独立做事的时候，也可以提示自己戴上这顶或那顶帽子。你甚至可以设计一个使用帽子的顺序，然后依此思考。

2. **与其他人交流**：当你和其他人谈话时，你可以请其他人戴上、摘下或者更换帽子。这有助于你要求别人改变思考，而不至于激怒别人。

- "请你戴上黑色思考帽来对此事发表看法，我们不想犯任何错误。"
- "先不要考虑我们能做什么，我只是想要白色思考帽的思考结果。事实是什么？"
- "我将请你摘下黑色思考帽，换上黄色思考帽进行思考。"
- "来点新的主意怎么样？我们能对此做一些绿色思考帽思考吗？"

3. **在团队中使用**：当团队一起工作时，团队领导或者其他人，都可以要求团队中的某个成员或整个团队戴上、摘下或者更换帽子。这种用法和单独要求其他人的用法类似，只不过对方的人数更多而已。

- "让我们试一试三分钟的绿色思考帽思考。"

- "我想知道你们对这个项目的真实感觉是什么，那么，请你们每个人都戴上红色思考帽。"
- "请戴上蓝色思考帽思考，大家认为我们的思考方向应该是什么？"

### 运用六顶思考帽的案例

1986 年 12 月，我在东京一家宾馆里举行的会议上，对日本工商界的一些高层人士简短地谈论了六顶思考帽。出席那个会议的人包括日本 NTT 公司的总裁久神道先生，NTT 当时拥有 350,000 名员工，在我写这本书的时候，NTT 仍然是全世界市值最高的公司（根据股票价格计算）。实际上，如果把美国四个最顶尖的公司加在一起，其市值也没有 NTT 大。

久神道先生非常喜欢六顶思考帽的方法，他购买了几百本书，并要求其高级主管人人必读。不久后，他告诉我六顶思考帽的方法对他的公司产生了巨大的影响，而且邀请我回去对 NTT 公司的董事会和所有高层主管举行讲座。现在，还有其他很多世界知名的公司也在引进这一方法，并把它作为了公司文化的一部分。

当每个人都了解了六顶思考帽之后，会议就变得更加有效、更富于建设性，因为通过六顶思考帽，有纪律地考察事物已经取代了无休止地争吵。

六顶思考帽的方法对孩子和成人一样有效。这个方法也可以作为家庭讨论的框架。

## 六项思考帽的练习 ////////////////////////////////////////////////////////////////////

1. 对六项思考帽的方法做一般性的讨论。具体讨论六项思考帽的角色扮演功能。

2. 你认为在什么情况下，六项思考帽最有用？举例说明，在什么情况下，你愿意戴上哪一顶帽子来进行思考？

3. 你认为六项思考帽的方法很好使用吗？在使用的时候，会存在哪些困难？为什么有的人可能反对使用六项思考帽？

4. 为了方便起见，我们把思考帽的数目定为六顶。但是，如果你想建议再增加更多的帽子，那么这些帽子都代表哪些类型的思考？（这一练习适合青少年组和能力较强的孩子做。）

5. 下面的每句话分别代表了说话者正在戴着哪一顶帽子？

- "这辆汽车能在 6 秒钟内就将时速提升到 60 公里，它的油耗量是每 25 英里耗油 1 加仑。"
- "我们为什么不先把厂房卖掉，然后再租回来呢？"
- "在这里，我要把我们所拥有的选择列出一个清单。"
- "我不喜欢他，我不想和他一起工作。"
- "我不认为提高油价可以促使人们开车更小心。"
- "要不是我被邀请去参加他的生日派对，我才不会花钱去买生日礼物呢。"
- "要翻过那堵墙是不可能的。"

# 白色思考帽和红色思考帽

我将每次介绍两项帽子，因为这样做有利于孩子们更容易学习怎样使用帽子并做练习。

## 白色思考帽

请想象一张白纸。想象电脑的打印输出。白色思考帽意味着中立的信息。戴上白色思考帽并不是要争论或者提建议，而是让我们将思考的焦点集中在我们可以获取的信息上面。

信息对于思考来说是非常重要的，因此将注意力集中在信息搜集上是大有裨益的。

戴上白色思考帽，应提出三个关键的问题：

1. 我们有哪些信息？
2. 我们遗漏了哪些信息？
3. 如何得到我们需要的信息？

### 1. 列出我们拥有的信息

首先，我们把已经掌握的信息全部列出来。

这些信息可能是事实、数字、清单、统计数据，等等。

这些信息也可能是我们自己的知识和经验。在这种情况下，我们必须这样来表明："就我的经验来看……"或者"就我所知……"。

除了显而易见的信息，我们还应该读懂潜台词，找出隐含的信息。就好像小说中最棒的侦探去寻找被别人忽略的线索那样。

信息具有不同的真实度、可能性和可靠性，信息中还包含一些猜测、推论和假设。重要的一点是，在做白色思考帽思考时，应该清楚地表明所提供信息是哪一种类型：

- "这就是这些图表所揭示的事实。"
- "我的猜测是……"
- "根据钥匙被遗落在车里的方式来看，我推测司机当时是企图转弯的。"
- "人们普遍认为：温室效应会在五十年内变得更严重。"

### 2. 搜集我们遗漏的信息

我们检查已有的信息以便知道遗漏了哪些信息。我们努力找出信息的空白处。我们已经有足够的信息来进行思考或做出决策了吗？如果没有，那我们还需要什么信息？

尽量把需要什么信息清楚地表达出来。信息当然越多越好，但我们真正拥有哪些信息？

我们也许需要信息来判断哪一个解释更合理，我们也许需要信息来制定最好的行动方案，我们也许需要信息来评价某个东西是否合乎我们的需要。

### 3. 如何获得我们需要的信息

**倾听**。倾听是白色思考帽思考的一部分，我们仔细倾听并从中猎取信息。

**阅读**。我们通过阅读或者利用电脑和数据库来搜寻信息。

**提问**。获取信息的最有效途径是提问。知道该提什么样的问题，这是思考中十分重要的一个部分。你希望这个问题给你带来什么吗？你想验证什么吗？这些问题属于射击型提问，因为我们知道自己瞄准的是什么，而这些问题的答案就是"是"或"否"。还有一种是钓鱼型提问，我们不知道会获得哪些信息，但可以通过提问诱导信息自动出现。

在白色思考帽思考中，我们可能会被问及打算怎样获取遗漏的信息。我们可以通过信息搜寻，可以通过直接研究，也可以通过调查访问，等等。

### 4. 区分信息和感觉

有的时候，白色思考帽和红色思考帽会非常接近。当我们看待未来时，我们从来不会有确定性，因此只能进行猜测或推断。你可能说："我觉得这个玩具会热卖。"显然，你无法确定，但是，你可以为此提供很好的理由（比如同类玩具的销售情况，市场测试等），这是白色思考帽思考。如果你不能提出任何理由，那就是红色思考帽思考。白色思考帽思考应该尽可能地坚持处理那些可以被检验或有根据的信息。

如果你说："赫林先生不喜欢这个主意。"这是白色思考帽思考，因为你在报告一项事实。但是，如果你说："我不喜欢这个主意。"这是在表达你自己的感觉，因此是红色思考帽思考。即便你的感觉有很好的理由，它也仍然是红色思考帽思考。

### 5. 出现质疑怎么办

如果有人提出他认为正确的信息，而其他人挑战其正确性，那该怎么办？很简单，将两种意见平行地放在一起。

- **"琼斯先生说美国平均每年发生 50,000 件车祸死亡事故，克莱恩先生不同意，他认为应该是 70,000 件。我们最好是把这两个数据都检查一下。"**

## 红色思考帽

想象火焰和温暖。红色思考帽是关于情感、感觉、直觉和预感的。

从某种角度来看，红色思考帽与白色思考帽是相反的。白色思考帽寻求客观的事实，它对人们的感觉并不感兴趣，事实就是事实。而红色思考帽只对人们的感觉而不是事实感兴趣。

感觉是思考的重要组成部分。感觉从头到尾都渗入到我们的思考之中。我们努力追求客观，但是却很少做到绝对客观（数学除外）。说到底，所有的选择和决定都是建立在感觉的基础之上，我在后面会更详细地对感觉做出说明。

红色思考帽旨在为我们的感觉提供一条表达的渠道，从而让感觉正式地参与到思考中来。只要我们把感觉视为感觉，感觉就是非常有价值的。但是如果我们把感觉当成其他东西，麻烦就出现了。红色思考帽就为感觉提供了一个清晰的标记。

直觉通常建立在经验之上。我们会直觉地认为该做什么事情，但是没法精确地解释其中的原因。直觉常常是很有价值的，但偶尔直觉也会是灾难性的（尤其是处理不确定性事件的时候）。

### 1. 不要找理由

通常，当我们提出自己的直觉或预感时，会努力为这些直觉和预感建立一个合理的基础。但是，直觉和预感往往是对的，而这些基础却常常是错误的（而且也能够被证明是错误的）。

红色思考帽使得思考者可以直接提出自己的预感或直觉，而无需给出任何理由。

• "戴上我的红色思考帽，我的预感告诉我他将会成为一个伟大的网球选手，别问我为什么。"

事实上，根本就不应该试图给红色思考帽思考提供任何理由，这些理由将破坏运用红色思考帽的整个目的。红色思考帽之所以允许人们表达感觉、直觉和预感，只是因为这些感觉本来就存在，而不是因为它们应该被证明是正确的。

### 2. 表达此时此刻的感觉

红色思考帽包含的是"此时此刻"的感觉，一个人在会议开始时的感觉和在会议结束时的感觉有可能是完全不同的。

只要感觉是自然而真诚的，它就是有用的，这就意味着感觉应该是此时此刻的感觉。思考者可以表达自己在其他时候的感觉，但是必须清楚地表明这一点。

• "我以前觉得骑这样的摩托车会很危险，但是现在我觉得买这辆摩托

**车是个好主意。"**

### 3. 表达复杂的感觉

我们完全可能会有复杂的感觉，应该这样来表达复杂的感觉：

- **"我觉得它的确具有一些好的方面，但是它还有些方面让我感到不妥。"**

接着，你逐一说出究竟是哪些方面以及你对这些方面的感觉。

但是，如果需要得出结论（例如在做决定的时候），思考者就应该表达他或她的整体感觉。

- **"我喜欢这一点，不喜欢那一点。但综合来说，我喜欢这个主意。"**

## 小结

白色思考帽思考处理的是信息。

红色思考帽思考处理的是感觉。

## 白色思考帽和红色思考帽的练习 /////////////////////////////////////////////

1. 白色思考帽思考和红色思考帽思考有什么区别？

2. 电脑能做红色思考帽思考吗？

3. 一个男孩把球踢进了邻居家的后院，并打碎了一扇窗户。邻居和这个男孩互相吵了起来。请分别站在每一方表达出三个红色思考帽思考。

4. 对你住的街道做白色思考帽思考。

5. 有人建议你应该培养这三种爱好中的一种：养花种草，做点木工活儿，集邮。对每一种爱好做白色思考帽思考，然后再分别做红色思考帽思考。

6. 以下的表达中，哪些是白色思考帽思考，哪些是红色思考帽思考？

- "污染正在成为越来越严重的问题。"
- "我觉得污染现在是世界上最严重的问题。"
- "我们对污染的防治做得还不够。"
- "制止污染是每个人的职责。"
- "家庭垃圾也造成了污染。"
- "民意调查显示，人们很重视污染问题。"
- "我不知道自己能对解决污染问题做些什么。"

7. 对一个选择即将从事什么职业的年轻人来说，他或她的白色思考帽思考应该涵盖哪些方面？红色思考帽思考应该涵盖哪些方面？

8. 在选择给自己的房间刷什么颜色的墙面时，你的白色思考帽思考应该包括哪些方面？红色思考帽思考应该包括哪些方面？

9. 戴上你的红色思考帽，列出你喜欢的三件事物和你不喜欢的三件事物。

# 黑色思考帽和黄色思考帽

黑色思考帽和黄色思考帽都属于判断性的思考方法。戴上黑色思考帽，我们关注的是真相以及合理性；戴上黄色思考帽，我们关注的是优点和好处。两顶帽子都要求符合逻辑，都要求思考者为自己的判断提出理由。如果没有理由来支持，你就应该运用红色思考帽，因为没有理由支撑的表述只能是一种感觉或直觉。

## 黑色思考帽

想象一个严肃的法官。想象当你犯错时，有人给你做了一个黑色的标记。

在所有的帽子中，黑色思考帽被运用得最多。从某种意义上来说，黑色思考帽也是最有价值的帽子。黑色思考帽有助于防止我们犯错和做傻事。

黑色思考帽关注的是事实和真相。黑色思考帽代表的是批判性的思考："这是对的吗？"

戴上黑色思考帽，应该提出这样一些问题：

1. 这是正确的吗？
2. 它符合某种规律或是原理吗？
3. 它可行吗？
4. 存在哪些危险和问题吗？

### 1. 正确吗？

黑色思考帽用于判断一个陈述或要求的正确性。它是对的还是错的？它合乎事实吗？

黑色思考帽还用作判断推理的可靠性。你的结论是从你的证据中推导出来的吗？你有没有疏忽或犯错？你的声明是正当的吗？

黑色思考帽通过指出错误来寻求真理，得到正确的结果。

### 2. 符合吗？

这个建议符合我们的经验吗？

这个建议符合我们现行的体制吗？

这个建议符合我们的目标要求吗？符合我们的计划吗？符合我们的方针政策吗？

这个建议符合我们的价值判断、伦理和公平公正原则吗？

由于黑色思考帽是逻辑的帽子，你必须始终说明为什么你认为某个观点不合适。

### 3. 可行吗？

这个主意可行吗？

这个发明或设计可行吗？

这个计划可行吗？

如果在戴着黑色思考帽的时候，你指出某件事物不可行，你就必须说明理由。如果你只是"感觉"它不可行，那么你戴着的应该是红色思考帽。

这个主意有哪些缺点？

### 4. 存在哪些危险和问题？

如果我们采纳这个建议，会存在哪些危险和问题？

如果我们将这个建议付诸实施，会出现哪些问题？

如果我们采纳这个建议，会出现哪些不良后果？

当考虑一个建议时，黑色思考帽思考者应该对自己提出这些问题。

### 5. 黑色思考帽的错误用法

黑色思考帽很可能被滥用。有的人始终都保持谨慎和否定性的态度，他们总是指出为什么有的事情不可行，或者不能做。

黑色思考帽并不是"坏帽子"。在食物里放一些盐是很好的，但是放太多的盐就不好了。食物为我们提供了必需的营养和能量，但吃得太多就会导致发胖和不健康。滥用盐和食物，使盐和食物变成了有害品，而滥用黑色思考帽也会使黑色思考帽变成坏帽子。

黑色思考帽是非常重要、非常强大的帽子，没有黑色思考帽的帮助，做任何事都会困难重重。

## 黄色思考帽

请想象金黄的阳光洒满大地所带来的欢乐。黄色思考帽是一顶充满了希望的帽子，不过，它首先是一顶强调逻辑的帽子，所以在希望的背后，必须要有足够的理由来支撑。

一般来说，黄色思考帽旨在展望未来："如果我们做这个，就会出现这些好处……"

黄色思考帽还可以用来回顾过去："这件事发生了。它带来了很多不利影响，但是也带来一些好处——让我们戴上黄色思考帽来看看有哪些好处。"

黄帽思考者应该问自己以下问题：

1. 好处是什么？
2. 为什么这是可行的？

### 1. 好处是什么？

黄帽思考者力图寻找和展示好处。这些好处具体有什么？对哪些人有好处？这些好处是怎样出现的？

现在的优势有哪些？为什么这件事情值得去做？它使哪些地方得到了改进？（改进可能意味着节约了成本，提升了功能，或者开发出新的机遇。）

始终要记住：黄帽思考者只寻找好处和积极的效果，因为我们需要让自己的思考也有意识地做出积极的努力。黄帽思考并不是做出全面评估，它只评估有益的价值。

值得注意的是，如果黄帽思考没能显示出足够的好处，那么事情就不值得去做了。即使好处被展示了出来，我们也仍然要戴上黑色思考帽去考察这件事的另一面。

**2. 可行的理由是什么?**

黄帽思考者必须清楚地展示出某个想法为什么是可行的，必须给出理由，不能把寻找理由的工作推卸给别人来做。黄帽思考者自己首先必须对一个事情的可行性进行检验。

黄帽思考者力图展示出主意的可行性，以及为什么它值得去做。

**3. 黄色思考帽的错误用法**

有的人深深地沉迷于某个主意，因而在做黄色思考帽思考的时候丝毫不考虑现实需要和实用性。

如果不配合使用黑色思考帽，这就是一种对黄色思考帽的滥用。

黑色思考帽不仅对主意进行了评估，而且指出了主意的弱点，以便我们去克服这些弱点。

## 小结

黑色思考帽用来评估和判断，也可用来批判。它能够防止错误的发生，并促使我们对事物做出改进。

黄色思考帽旨在寻找事物的好处和优点。这件事能做吗? 它值得做吗?

两顶帽子都是逻辑性的思考方式，都必须说明理由。

## 黑色思考帽和黄色思考帽的练习 //////////////////////////////////////

1. 有人建议，应该设计出专门给女性用的汽车。对此建议做黑色思考帽思考，并指出这个主意存在哪些弊端。

2. 校园里发生了大量的偷窃事件。学校决定悬赏捉拿小偷。这是一个好主意吗？先做黄色思考帽思考，然后再做黑色思考帽思考。

3. 有的国家食物过剩，而有的国家却面临饥荒。应该把其他国家多余的食物免费提供给饥饿的人群吗？想象一个黄色思考帽思考者和一个黑色思考帽思考者就此展开的对话，并写出来。每个思考者都必须至少说出两条建议。

4. 以下哪一个是黑色思考帽思考？

- "对在街上乱扔垃圾的人罚款，这是警察国家才有的主意。"
- "虽然很多肥胖者看起来很快乐，但是这一事实并不意味着他们肥胖是因为他们快乐。"
- "在报纸上进行公开竞选，这个主意不可行，因为有很多人不识字。"
- "撒谎的人通常能被揭穿。"
- "就我的经验来看，开更多的工资并不能使人们更快乐。"
- "如果你不努力，就不会考出好成绩。"

5. 每个人都应该养一种宠物，运用黄色思考帽指出这个提议的好处。

6. 如果你从不读报纸，也从不看电视新闻，甚至不上网，会发生什么？用黄色思考帽和黑色思考帽分别做出分析。

7. 用黄色思考帽来思考使用黑色思考帽的好处。

# 绿色思考帽和蓝色思考帽

绿色思考帽和蓝色思考帽是背道而驰的，因为绿色思考帽十分自由活跃，而且可以天马行空。蓝色思考帽却旨在控制和指引思考过程的方向。

## 绿色思考帽

请想象草地、树木、蔬菜和生长。想象活跃的生长和丰收。想象发芽和分出枝杈。

绿色思考帽是"活跃的"帽子。

绿色思考帽是创造性思考的帽子。事实上，绿色思考帽包含了"创造性"一词的两个用法。

1. 创造性思考意味着带来某种事物或者催生出某种事物，它与建设性思考相似。绿色思考帽关注的是建议和提议。

2. 创造性思考意味着新的创意、新的选择、新的解决方案、新的发明。这里的重点在于"新"。

白色思考帽罗列出信息。红色思考帽允许我们表达感觉。黑色思考帽和黄色思考帽处理逻辑判断。因此，绿色思考帽就应该是行动的帽子，戴上绿色思考帽就必须提出建议。

当你被要求戴上绿色思考帽的时候，你就要提建议、出主意。这是一种积极活跃的思考，而不是一种反应式的思考。

绿色思考帽的五个主要用途如下：

1. 考察
2. 提出建议
3. 寻找其他的选择
4. 提出新的创意
5. 激发

与黄色思考帽和黑色思考帽思考者不同，绿色思考帽思考者不必为自己的建议或主意提供逻辑理由，只要提出主意以供进一步检验就足够了。

### 1. 考察

白色思考帽用可获得的信息来考察情况。绿色思考帽则用主意、概念、建议和可能性来考察情况。

### 2. 提出建议

绿色思考帽用来提出任何一种类型的提议和建议。这些建议并不非得是新的创意。它们可以是行动的建议，解决问题的方案，可能的决定。戴上绿色思考帽，可以进行各种积极活跃的思考。当没有人知道该怎么办的时候，就该戴上绿色思考帽进行思考了。

### 3. 寻找其他的选择

如果已经给出了一个解释，或者已经讨论了行动的方案，这时，可以要求大家戴上绿色思考帽寻找进一步的解释和其他的选择。还可能有哪些解释？还能做哪些事情？在采取行动之前，绿色思考帽旨在为我们拓宽选择的范围。至于对这些选择进行评估，那就是黄色思考帽和黑色思考帽的任务了。

### 4. 提出新的创意

有的时候，我们需要完全崭新的创意。当老的办法已经行不通了，或者没有可行的办法来解决问题时，就需要进行真正的创造性思考或水平思考了，这种思考正是绿色思考帽扮演的基本角色。如果你要求某个人对某件事进行绿色思考帽思考，那么你就是在要求他或她超越既定范围，提出崭新的创意。你不能要求别人一定产生出创意，但至少可以要求别人做出尝试。应该有意识地运用本书后面介绍的水平思考技巧，以便产生出新的创意。

### 5. 激发

戴上绿色思考帽，我们可以提出各种试验性的主意，虽然我们不知道这些主意能否行之有效。我们还可以有意识地提出激发，激发不一定要是有用的主意，激发只是用来帮助我们脱离常规的思考轨道，从而以不同的角度重新看待事物。本书后面将介绍激发的技巧。

### 6. 行动和活力

绿色思考帽的特征就是行动和活力。一个画家站在一幅空白的画布面前，他或她最重要的事情就是开始行动。这个行动可能是勾画一个草图，或者是往画布上洒一些颜料。出现空白的时候就是需要主意的时候，空白的状况需要绿色思考帽思考，因循守旧或停滞的状况也需要绿色思考帽思考。

## 蓝色思考帽

请想象蓝天。天空高高在上，如果你飞翔在天空，就可以俯瞰一切事物。戴上蓝色思考帽就意味着超越于思考过程：你正在俯瞰整个思考过程。蓝色思考帽是对思考的思考。

蓝色思考帽意味着对思考过程的回顾和总结。蓝色思考帽意味着控制思考过程。蓝色思考帽就像是乐队的指挥一样。戴上其他五顶帽子，我们都是对事物本身进行思考，但是戴上蓝色思考帽，我们则是对思考进行思考。

蓝色思考帽包含以下几点：

1. 我们现在到了哪里？
2. 下一步是什么？
3. 思考的程序
4. 总结
5. 观察和评论

戴上蓝色思考帽的人会从思考过程中退出来，以便监督和观察思考过程。

### 1. 我们现在到了哪里？

我们现在进行到什么地方？

焦点是什么？

我们现在企图做什么？

这旨在明确我们此时此刻的思考是在做什么？我们是在漫无目的地闲逛呢，还是正在努力做什么呢？

### 2. 下一步是什么？

我们下一步应该做什么（在我们的思考中）？

蓝色思考帽思考者可能建议换上另外一顶帽子来思考，或者做出总结，或者明确思考的焦点。当大家看起来不知道下一步该做什么的时候，就有必要提出指导建议了。也许每个人对下一步该做什么有不同的意见，这时就需要做出决定。如果大家都清楚地认识到下一步该做什么，那就直接进入到下一步。

### 3. 思考的程序

除了确定下一步该做什么以外，蓝色思考帽还可以用来设计整个思考过程的程序，亦即对不同的思考步骤做出日程安排或使用顺序。这通常是在会议开始时进行，但也可用于任一时刻。思考程序可以涵盖整个会议过程，也可以只用于一个项目或项目的一部分。在有些情况下，思考程序由六顶思考帽的使用顺序构成。

蓝色思考帽旨在正式地对待思考。就像电脑程序设计师为电脑设计程序一样，蓝色思考帽也为思考过程设立程序。

### 4. 总结

在思考过程中的任何一点，参与思考的成员都可以戴上蓝色思考帽并要求做出总结。

- **"我们现在进行到哪里了？我们走得有多远？我们能总结一下吗？"**

这个总结可能给大家带来一种成就感，也可能显示出到目前为止的思考毫无成果，总结还有助于澄清各个不同的看法。

### 5. 观察和评论

蓝色思考帽超越了思考过程，并俯瞰着所发生的一切。因此，蓝色思考帽思考者负责观察和评论。

- **"看来到目前为止，我们一直在为会议的目标争论不休。"**
- **"我们本来是要考虑好几个方案的，可现在只讨论了一个方案。"**
- **"今天早上已经进行了大量的红色思考帽思考。"**

蓝色思考帽的功能是使思考者清楚地认识到自己的思考行为。目前的思考行为是有效的吗？

### 6. 蓝色思考帽的错误用法

在实践中，其实有很多人已经在运用蓝色思考帽思考，只不过他们不直接这么说罢了。但是，明确地把它说出来会更有效。应该避免滥用蓝色思考帽，要是每隔几分钟就中止会议做一个蓝色思考帽评论，很容易惹恼大家，偶尔使用会更加有效。

## 小　结

绿色思考帽是用于行动和创造力的，它要求提出主意、建议和提议，而这些主意和建议不必马上付诸实施。

蓝色思考帽用于控制思考过程本身。发生了什么？正在发生什么？下一步是什么？

## 绿色思考帽和蓝色思考帽的练习 //////////////////////////////////////////

1. 你打算批发报纸，但是你找不到人来送报。戴上绿色思考帽提出一些建议。

2. 你的狗和你邻居的狗老是打架。戴上绿色思考帽，你会提出哪些建议？

3. 你在开一家快餐店，你的竞争对手也在附近开了一家快餐店，你的生意被抢走了很多。戴上蓝色思考帽，对这个问题设计一个思考顺序：前三个步骤分别用哪顶帽子。

4. 你的房间里没有足够的空间来放书籍和报纸，你戴上绿色思考帽，想到了以下两个办法：

丢掉一部分无用的书和报纸。

请有大房子的朋友帮你保管一些。

你还能想到其他的办法吗？

5. 有一家电影公司在招标，希望寻找一个最好的鬼怪片剧本，他们希望剧本标新立异，在影片中出现前所未有的鬼怪形象。先戴上蓝色思考帽，看看从哪一顶帽子着手来创造出新的鬼怪形象，然后戴上绿色思考帽，提出你的创意。

6. 有一条笔直的公路，汽车经常在上面飞驰而过，车速太快，以致经常发生车祸，很多人受伤甚至失去生命。戴上绿色思考帽，你该怎样来解决这个问题？

7. 有一家广告公司希望设计一种麦片包装盒的新造型，有人提议，新形状的包装盒可以设计成像球一样的圆形。这个想法带给你什么激发？你能从这个激发中想出有用的主意吗？

8. 父亲和女儿对女儿应该晚上什么时候回家的问题发生了争论。戴上你的蓝色思考帽，应该怎样进行这个辩论？

# 六项思考帽的使用顺序

六项思考帽有两种用法：

1. 偶尔使用
2. 系统地（按照一定顺序）使用

**偶尔使用：**这是最普遍的用法。你可能偶尔使用一项或两项帽子，在会议上或者在对话中，也可能有人在中途提议使用某一项帽子，引入的帽子只使用两三分钟后，会议和对话继续进行。偶尔使用思考帽使我们可以提出进行某种思考或者转换思考类型的要求，六项思考帽为我们提供了转换思考的途径。

**系统地使用：**在系统使用思考帽时，一般是先设立帽子的使用顺序，然后思考者按照这个顺序逐一使用帽子。当需要快速有效地考察事物时，就应该系统地使用思考帽。一般来说，先用蓝色思考帽来设立帽子的使用顺序，这个顺序就成为考察事物的程序。在发生争论或争吵、思考变得没有意义的情况下，这个办法也是很管用的。

## 按照顺序使用

六项思考帽的正确使用顺序是什么？

正确使用帽子的顺序并不是唯一的，因为使用顺序因情况的不同而不同。你可以自由设立帽子的使用顺序，但在这里，我们给出了一些规则和指导原则：

1. 每项帽子的使用次数不限。

2. 一般来说，最好是在使用黑色思考帽之前使用黄色思考帽，因为人们很难在批判一个事物以后再去积极地看待它。

3. 黑色思考帽有两种用途。第一种用途是指出一个主意的缺陷，然后再运用绿色思考帽来克服这些缺陷。第二种用途是进行评估。

4. 黑色思考帽总是用来对主意进行最后的评估。在这个最后的评估后面，一般运用红色思考帽思考，以便在评估之后，看看我们对被评估的主意有什么感觉。

5. 如果你对某个事物有着强烈的感觉，那么最好是先使用红色思考帽，以便把这些感觉公开表达出来。

6. 如果没有强烈的感觉，最好是先使用白色思考帽以搜集信息。用完白色思考帽之后，再使用绿色思考帽提出其他的答案，然后分别使用黄色思考帽和黑色思考帽逐一评估这些答案。你也可以选择其中一个答案，分别用黄色思考帽和黑色思考帽进行评估，最后再用红色思考帽来看看你的感觉。

主要有两种情况使帽子的使用顺序有所区别：寻找主意，对给定的主意做出反应。

### 1. 寻找主意

在寻找主意时，帽子的使用顺序可以如下：

**白色**：搜集可获得的信息。

**绿色**：做进一步的考察，并提出各种可能方案。

**黄色**：逐一评估每个方案的好处和优点。

**黑色**：逐一评估每个方案的缺陷和危险。

**绿色**：将最可行的方案做进一步的发展，然后做出选择。

**蓝色**：总结和评价目前的思考进展。

**黑色**：对被选择出来的方案做出最后的评判。

**红色**：表达对最终结果的感觉。

### 2. 对给定的主意做判断

这时，思考帽的使用顺序有所不同，因为主意已经给定，而且其背景信息通常也是已知的。

**红色**：找出对给定主意的已有感觉。

**黄色**：努力找出这个主意的好处和优点。

**黑色**：指出这个主意存在的缺陷、问题和危险。

**绿色**：看看能不能改进这个主意，从而增强黄色思考帽提出的优点，并克服黑色思考帽提出的缺点。

**白色**：看看可获得的信息是否有助于改进主意，使之更容易被接受（如果红色思考帽反对这个主意的话）。

**绿色**：对最后的建议做进一步的发展。

**黑色**：对最后的建议做最后的评判。

**红色**：表达对最终结果的感觉。


### 3. 简便的使用顺序

对于不同的目的，常常可以使用以下的帽子使用顺序。

**黄色／黑色／红色**：对主意做出迅速评估。

**白色／绿色**：产生创意。

**黑色／绿色**：改进既有的主意。

**蓝色／绿色**：总结并说出各种可能的选择。

**蓝色／黄色**：看看思考是否已经有成果。


## 小 结

在思考过程中，通常会使用六项思考帽中的一项，这是偶尔的使用。

在系统地使用中，可以先设立帽子的使用顺序以指导思考。有一些指导原则可以帮助你安排帽子的使用顺序。

## 六项思考帽使用顺序的练习 ////////////////////////////////////////////////

1. 你要给你最好的朋友送一份生日礼物，用三项帽子来思考这个问题，你会选择哪三顶，以什么样的顺序来使用这三顶帽子？

2. 你即将参加一个会议，讨论青少年犯罪的问题。在会议上，你认为应该最先使用哪一顶帽子？

3. 你们家打算搬到另一个城市，爸爸妈妈询问你对搬家的意见。你会用什么样的顺序来使用思考帽？（列出前四顶帽子即可）

4. 有一群年轻人总是在家里举行派对，吵闹的音乐声经常干扰到邻居。邻居们为此组织了一次讨论会试图解决这个问题，他们设计的思考帽顺序是：红色／黑色／绿色／黑色／红色。你觉得这个使用顺序妥当吗？如果由你来设计，你会建议什么样的使用顺序？

5. 你需要尽快赚一些钱来买你想要的东西。如何设计思考这个问题的顺序？

6. 有些人看起来并没有享受到生活的乐趣，这些人应该进行哪些类型的思考？请列出四顶思考帽的使用顺序。

7. 对于下面每一种情况，你会首先使用哪一顶思考帽？

- **有人指责你撒谎。**
- **你在一次事故中摔断了右臂。**
- **你妈妈生了重病，必须去医院。**
- **你发现了一个装有很多钱的信封。**
- **你发现你的朋友竟然是一个贼。**
- **你得到了一份很不错的暑期工作。**

8. 经过试车，一个人从他的朋友那里买了一辆汽车，但是，一个星期以后，这辆车还是出了毛病，而且维修费用非常昂贵。这个人和他的朋友见面，讨论谁应该支付这笔费用，请为他们的讨论安排思考帽的使用顺序。

# 结果和结论

——让思考变得有成效的好习惯

- "你已经思考了 20 分钟了，你的思考结果是什么？"
- "5 分钟时间到，你的思考结果是什么？"
- "会议已经举行了 3 个小时，我们进行了大量的讨论。现在，结果是什么？"

一般而言，对这个问题有两种答案：

- "这是问题的解决方案。这是答案。这是决定。这是结论。"
- "看起来我们还没有得出什么结论。"

当思考必须结束时，思考结果是什么呢？是明确的答案，还是什么也没有？如果没有得出明确的答案，是不是就意味着我们浪费了时间？

思考的结果有很多种可能，但是我们可以把它们简化为以下三种：

1. 一幅更详细的地图
2. 一种关键要求
3. 一个明确答案

## 一幅更详细的地图

在思考结束时，你应该对你所思考的事物有了一幅更好的地图，你有了全盘的了解，你已经进行了考察。

你对事物所涉及的信息、概念和感觉有了更好的了解。

你应该能够列出各种可能的选择，这些选择可能是不同的观点、不同的原因、不同的方法、不同的价值判断，等等。你也许不能对它们做出决定或选择，但是至少你现在认识到了它们。这就是价值所在。

有的时候，思考的具体目的是为了考察一个事物。因此，考察本身就是具有价值的。

关键的问题是习惯性地问自己：

"我已经发现了什么？我现在已经知道了哪些一开始不知道的？"

## 一种关键要求

经过思考，你更清楚地认识到为什么你没法再进一步，为什么你得不出结论。

可能是因为缺乏一个关键信息，没有这个关键信息，你就不可能进展下去。

- **"没有那个信息，我们就不能进一步深入下去。"**

可能是因为你将问题归纳为具体的困难，也就是说，你明确了困难或阻碍所在。

- **"困难之处在于，我们没有办法找出这些新化学成分中的哪一种是有效的。"**

明确了需要什么，或者明确了阻碍所在，这本身就是一种成就。虽然你还没有得出最后结论，但是你已经前进了一步。你现在更清楚地知道下一步该做什么了，比如，你必须寻找所需要的信息，必须克服困难，或者你的思考应该更集中于某个焦点。

关键的问题是习惯性地问自己：

"困难之处在哪里？是什么阻碍了我们的进展？"

## 一个明确答案

这意味着你已经得出了结论，做出了决定，有了设计方案，制定出了计划或战略，得出了问题的解决方案，或者找到了问题的答案。

　　在学校里做数学题的时候，你解答出来以后通常都可以检查一下，看看它是不是正确答案，但生活中的大部分事情却不是这样。当你得到一个答案时，这个答案对你来说可能看起来非常有效，也可能看起来兴许有效，或者它是你能找到的最好答案，但你却不知道它会不会有效。

　　得出一个明确的答案是有意义的，即便它只是你能找到的最好答案。

　　关键的问题是习惯性地问自己：

　　"我的答案（或结论）是什么？"

　　"为什么我认为它会行之有效？"

## 小结

　　在任何一个思考过程结束时，你都需要努力说明你的思考结果。

　　如果你没有明确的答案，那就问自己：

　　"我已经发现了什么？"

　　"阻碍是什么？"

　　如果你有了明确的答案，那就问自己：

　　"我的答案是什么？"

　　"为什么我认为我的答案行之有效？"

　　这些问题应该成为你思考习惯的一部分。也就是说，在所有的思考结束时，你应该习惯性地提出这些问题。

## 五分钟的思考程序

　　这个程序用来练习思考以便掌握思考技巧。这个练习可以用于日常事务，也可以用于严肃的思考。

但是在这个练习中，时间纪律非常重要，因为它有助于我们专注地思考。可以用钟表来严格地计时，并在计时过程中随时提示。只是笼统地说"我要思考五分钟"是不会收到明显的效果的。出于本书的目的，我强烈推荐在使用这个程序时进行严格的计时。

### 1. 第一分钟

清楚地认识到思考的目的。

清楚地知道思考的焦点。

清楚地知道你需要什么样的结果。

清楚地认识到情况。

如果你掌握的信息还不够，不要浪费时间去问问题，而是可以先自行设立情境。例如，如果你处理的问题是一个偷窃的男孩，你可能想知道这个男孩的年龄以及他是不是惯偷。于是你说："我假设这个男孩 14 岁，而且这是他第一次偷窃。"

### 2. 接下来的两分钟

首先，根据你的信息和经验考察事物，然后开始想一些办法。

最后，将你的想法缩减为几个可供选择的方案。这些方案可以是行动的方案，也可以是解决问题的方案。

本书后面还会介绍一些工具来帮助这一阶段的思考，现在，暂时先用你已经掌握的技巧就已足够了。

两分钟结束后，你应该已经有了几个方案。

以下几个问题可能对你的思考有所帮助：

有没有显而易见的答案？

通常的解决办法是什么？

我想要做什么？

我怎样把我的愿望付诸实际行动？

还有哪些其他办法？

### 3. 第四分钟

这个阶段要进行选择或决定。在前面的阶段，你已经提出了几个方案，现在你必须对这些方案进行选择。提出以下这些问题可能有所帮助：

哪一个方案看起来最可行？

哪一个方案会最容易被人们接受？

哪一个方案最符合我的需要和优先考虑的因素？

哪一个方案最符合这个思考练习的情境？

思考练习的具体情境很重要。有的时候，可能要求你找出最合理的答案。有的时候，可能要求你原创出一个方案，即使这个方案不一定起作用。

### 4. 最后一分钟

如果你已经得出了结论、答案或者决定，那就检查一下你觉得它可行的理由，从而对你的结论做出检验。时间允许的话，你还可以将它与其他可能的答案进行对比，以证明它更好。

如果你没有得出最终的结论，你就应该用其他的方式来说明你的思考结果。

通过思考，你了解到了哪些？

你考虑过几个方案（即使你没能在它们之间做出选择）？

还可能有哪些方法（即使这些方法不一定是最终的解决方案）？

你还需要哪些进一步的信息？

阻碍是什么？

关键问题是什么？

### 5. 结果

在最后一分钟结束后，你必须提出你的思考结果。你应该主动这么做，而不要等到被问起时才这么做。

## 五分钟思考程序的练习 //////////////////////////////////////////////////////

1. 对以下情况做五分钟的思考练习：你邻居的客人总是把他们的车停在你家的车库前，导致你没法使用自己的车库，你该怎么办？

2. 对以下情况做五分钟的思考练习：调查显示，大部分人都吃得过多，并且体重超标，如何解决这个问题？

3. 对以下情况做五分钟的思考练习：一个女孩觉得老师对她不公正，她该怎么办？

4. 一家工厂散发出难闻的气味，住在工厂附近的人们多次向工厂所属的公司进行了投诉。这家工厂当初建立时，附近并没有人居住，但现在有很多人住在那里。工厂老板该怎么做？做五分钟的思考练习，并给出你的结论。

5. 如果人类可以选择进化的路径，并能够决定将来是生活在陆地上还是像海豚一样生活在海里，那么将发生什么？做五分钟的思考练习，并给出思考结果。

6. 做五分钟的思考练习，思考如何解决青少年（14—17 岁）犯罪的问题。

7. 你的一个朋友想在她的家里举行派对，但她的妈妈不同意。怎样解决这个问题？做五分钟的思考练习。

# 推进思维或平行思维

## ——让思考找到它正确的方向

思考有两个主要方向：推进的和平行的。

你可以沿着一条路一直向前走下去，也可以停下来环顾整个花园。

下页的图描述了推进和平行之间的区别。在推进式的思考中，如果我们在 A 点，那么就会一直移动到 B 点，然后是 C 点。如果我们同时拥有 A 点和 B 点，那么我们就向前移动到 C 点。换句话说，我们将要到达的地方取决于我们现在所处的地方。

在平行式的思考中，我们拥有 A 点、B 点和 C 点，三个点都是平行的。它们谁也不决定谁，它们只是平行地存在。我们可以环顾四周，并发现它们。

桌子上有食物，而我们也很饿，因此，让我们坐下来吃东西吧。这是推进式的思考。

但在平行式的思考中，我们可能这么说：桌上有面包，桌上有黄油，桌上有汤，等等，所有这些都平行存在。

站在人群里的陌生人都是平行存在的，但是一个女人朝着她认识的一个朋友走过去，就是"推进的"。

平行式思考的关键问题是：

还有其他的什么吗？

这个其他的什么，可能是其他的事物、其他的选择、其他的观点、其他的感知，等等。

推进式思考的关键问题是：

接下来是什么？

如果我们有了"这个"，那么接下来是什么？我们从这里继续走到哪

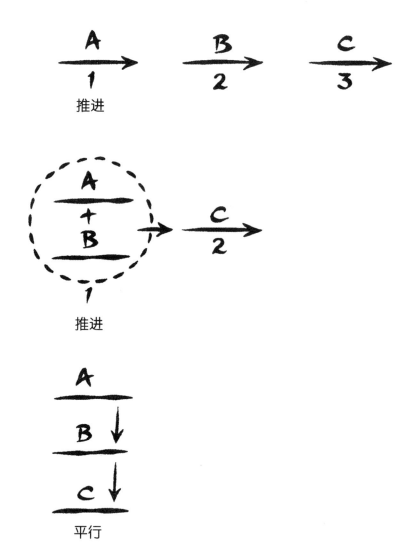

里？我们能推导出什么？

一个人走进房间并环顾四周，他注意到书架上放着法律类书籍，于是他推测房间的主人是一个律师，这是推进式的思考。

另一个人走进同样一个房间并环顾四周，她注意到墙上挂的照片，地毯的颜色、法律类书籍、昂贵的书桌、家庭照片，还有角落里的一只猫，这就是平行思考。如果她必须猜测房间的主人是干什么的，她也许也会认为是一名律师，但那不是她正在运用的思考类型。

推进式的思考和平行式的思考都很重要，它们不分孰优孰劣。重要的是辨认和运用这两种类型的思考。

有的时候，平行思考也被称为"发散的"思考，但是我觉得这个名称可能使人们产生从某件事物分散出去的错误印象。类似地，推进的思考有时也被称为"收敛的"思考。推进思考和平行思考这两个术语看起来更简单：我们或者向前思考，或者环顾四周。

显然，$5 + 3 = 8$。这是推进思考。

8 这个答案可能是 $5 + 3$ 的结果。但是，它也可能是 $4 + 4$、$7 + 1$ 和 $6 + 2$ 的结果，这就是平行思考。

我们运用平行思考来考察既有的事物和可能性。

我们运用推进思考来推导出解决方案或结论。

所以，我们在思考中应该习惯性地问自己两个关键问题：

还有其他的什么吗？

接下来是什么？

# 逻辑和感知

## ——改变思考的角度

传统的思考模式总是强调逻辑，这毫不奇怪。教育中的思考几乎都是反应式的：你怎样对摆在面前的事物做出反应？因此，信息被给定了，迷题被给出来了。你只需要运用逻辑来寻找答案。

批判性思考、争论和对立性系统大多（并非全部）建立在逻辑的基础上。

逻辑是科学家们和其他人提出自己建议的方式，即使某个科学突破是来自于直觉或偶然的机遇，它也必须被表述成逻辑的结果。否则，这个新的突破就不会被接纳。

我们需要知道结论是如何被推导出来的，所以我们要求看到结论背后的理由或逻辑。

出于所有这些原因，我们不得不大量地强调逻辑。

你在一家陌生旅店里半夜醒来，你想去洗手间，但是你找不到电灯开关。你就想：如果你摸着墙就会找到洗手间的门，即使你摸到了其他的门，电灯开关也可能就在门附近。这就是常规的逻辑思考。

可是，一旦你找到床旁边的电灯开关，你就不再需要进行逻辑思考来找洗手间的门了，因为你已经能够看到通往洗手间的路，这正是你的感知告诉你的。

有的时候，我们需要逻辑来扩展我们的感知。有的时候，感知可以减少对逻辑的需要。

感知就是我们如何看待周围的世界。

逻辑则是我们最好地利用那些感知。

大多数时候，感知都被转换成了语言和符号的形式。于是，我们运用语言的逻辑规则或者数学来向前推导出结论。

有一次，我近距离地观察了一只蝉。这只蝉发出巨大的蝉鸣，但我不知道它是如何发出声音的。无论我凑得有多近，也没看到它扇动翅膀或者移动腿来制造出声音。直到后来我才发现，在离它几英寸远的另一根树枝上有另一只蝉，叫声就是从它那里发出来的。这个例子是在思考中广泛存在的典型错误。如果我们只看到情况的一部分，逻辑就会导出错误的结论。但是我们如何知道还有别的情况需要去探知呢？那就是由感知来发挥作用的地方了。

智慧直接建立在感知的基础上，智慧就是将很多事情考虑进来的能力。这些事情既包括现在的事情，也包括未来的事情。智慧意味着从不同的角度来看待这些事情。

感知的两个主要方面是：宽度和改变。

因此，应该习惯性地问两个关键的问题：

我的视野有多宽？

还可能从其他什么角度来看待事物吗？

改变就是从不同的角度重新看待同一事物。

有一个鞋子推销员写道："这是一个可怕的市场，这里根本没人穿鞋。"另一个推销员却写道："这是一个很有潜力的市场，这里还没有人穿鞋。"

# CAF

## ——把所有因素都考虑周全

这是广泛应用的 CoRT 思维训练课程里面的思考工具之一。CoRT 思维训练课程是由我设计和发展的，如今它已经运用于世界上成千上万所学校。CoRT 课程由六部分组成，每个部分有十课，课程里还包含详细的教师指南。

本书介绍了一部分 CoRT 工具，因为如果要另外创造工具来服务于同样的思考目的，会很容易引起混淆。然而，必须清楚，完整的 CoRT 思维课程是专用于学校教育的。本书是为父母在家庭里教孩子如何思考而设计的，可能有的父母使用了本书之后，会想进一步学习完整的 CoRT 课程。

CAF（Consider All Factors）是指引注意力的工具。CAF 是用来拓展感知的：处理这件事必须考虑哪些因素？

CAF 应读作 "caff［kæf］"。

- **"请对这个做一下 CAF。"**
- **"如果你做了 CAF 的话，就不会遗漏那么重要的一点了。"**
- **"我们应该在这里做一下 CAF 吗？"**

越是多次有意识地使用 CAF，CAF 就越会成为你的一个习惯。如果你不好意思提到这个工具，那它就不会成为有用的工具，而你的态度也始终停留在消极阶段。

一位父亲告诉他年幼的女儿，她放学后可以到爸爸的办公室去找他，因为爸爸的生意很清闲。当女孩（她在学校里学习过 CoRT 课程）到了她爸爸的办公室以后，她建议爸爸让全体员工都做一个 CAF，以找出生意如此清闲的原因。由此，一些办法被找到了，而她父亲的生意也大有起色。

有一个人在二手车市场上物色，突然他发现了一辆越野车，车的条件非常好，既没被开过多久，价格也适中。他非常兴奋，赶紧付钱买下了这辆车。他得意洋洋地把车开回家，结果却发现车太宽了，没法开进他家的车库。他忘记了做一个 CAF。

一个侏儒走进电梯，他想到二十楼，但当电梯上升到十楼的时候，他就不得不走了出来，因为他只够得着第十楼的电梯按钮。他忘记了做一个 CAF，如果他做了，就应该等到有其他人要进电梯的时候再进电梯。

政府允许有钱的外国人哄抬本地的房价，结果，他们发现本地市民无法继续待在本地工作了，因为他们支付不起同样高昂的房价。政府官员也忘了做一个 CAF。

教 CAF 就意味着添加应该考虑的因素。

遗漏了哪些因素？

你能在我们已有的考虑因素清单上再添加一个因素吗？

还应该考虑其他哪些因素？

当然，重要因素和次要因素是有区别的。但是主要的努力是要全面地找出要考虑的因素。很多时候，我们在没有做 CAF 的情况下，就仓促地展开思考了。

尽管 CAF 是一个非常简单的工具，但是运用得好的话，它就是一个非常强大的工具。

# CAF 的练习 /////////////////////////////////////////////////////////////////////

1. 一个驯狮员在一次事故中失去了一头狮子，他必须找另一头狮子来代替。请帮他做一个 CAF，看看他应该考虑哪些因素？

2. 有人请你设计一个广告，鼓励年轻人喝更多的可口可乐。你应该考虑哪些因素？做一个 CAF。

3. 有一群野马自由地在牧场里溜达。后来，牧场里发现了几匹野马的尸体，牧民们被指控枪杀了那些野马。牧民们为自己辩解称野马的数量过多，而且侵占了牧马的空间和资源。对这个情况做一下 CAF。

4. 你将去参加一个公司的招聘面试，你必须考虑哪些因素？做一个 CAF。

5. 你的父母正在计划去度假旅游，为了选择目的地，他们已经做了一个 CAF，并列出了以下因素。他们有没有遗漏了哪些因素呢？

需要花多少钱？

气候状况

适宜的饭店

到海边的距离

运动设施和周边环境

6. 一个朋友向你借钱，你做了 CAF 并列出以下因素。这些因素够了吗？

他想借多久？

他跟我的关系究竟有多好？

7. 如果让你对如何重新设计人的头脑和容貌提建议，你应该考虑哪些因素？对此做一个 CAF。

8. 你在经营一家大型的百货商场，你想招聘一些新的职员。在对应聘者面试的时候，你应该考虑哪些因素？

# APC

——其他的选择、可能性和方案

APC（Alternatives, Possibilities, Choices）是另一种指引注意力的工具。我们不是沿着既有的路径继续向前进行思考，而是停下来环顾四周看一看"平行的"可能选择。

大量的幽默都来源于其他的选择。比如，简单的双关语就来自于一词多义。一个有钱人抱怨说他的生日过得很郁闷，因为他只得到了一根高尔夫球杆作为生日礼物——而这个俱乐部居然没有一个游泳池。（英语中，高尔夫球杆和高尔夫俱乐部是同一个词 golf club——编者注）

有一个著名的广告语是这样的："没有药物比安那辛见效更快。"它的意思是说没有比安那辛治疗头疼见效更快的药物了，但也可以这么理解：没有药物（亦即什么药物也不服用）比服用安那辛能更快地治疗头疼。

其他的选择有很多种：

**感知：**同样的事物可以从多种不同的角度来看待。

**行动：**其他的行动方案。

**解决方案：**解决问题的其他方案。

**方法：**解决问题的多种不同方法。

**解释：**对事件为什么会发生的其他解释。如同科学领域中的其他不同的假设。

**设计：**其他不同的设计，每个设计都可以达到同样的目的。

有的时候，我们被迫去寻找其他的方法，因为原有的方法已经行不通了。有的时候，我们需要寻找其他的方案，因为我们相信一定会找到比现行方案更好的方案。

如果有人告诉你只有两种解决问题的方法，你可以花几分钟时间思考还有没有别的方法。你也许会找到其他方法，也许不会找到其他方法，但是，花时间去寻找它们总是值得的。

也许，最难做的事情就是：即使在没有明显必要的时候，也要停下来寻找其他的选择。当吉耐特停下来寻找其他的刮胡子方法时，他发明了安全刮胡刀。我们常常假设正在做的事情就是以最好的方式在做，但事实并非总是如此。之所以事情要这么做，常常是由于各种历史的原因，或者没有人想过要寻找更好的做事方法。

不论何时你着手去寻找其他的选择，你都必须清楚其他选择的目的是什么。

- "我需要找其他的办法来堵住这个洞。"
- "我必须用其他的方式把水运到那个地方。"
- "我想知道，这个体系之所以失败还有没有其他的原因。"

"我想要其他颜色的地毯"和"我想要其他铺地的方式"是非常不同的。如果你只是说："我想要地毯的其他替代物。"那别人就不清楚你究竟是想要其他的方式来铺地，还是想要和地毯一样温暖的东西。

APC的发音是三个字母连读："A""P""C"。和CAF一样，你把APC这个工具运用得越多，它就越是一个价值非凡的工具。

## APC 的练习////////////////////////////////////////////////////////////////////////

1. 如果一种神秘的疾病让大多数人失去听觉，那么人们将怎样互相交流？做一个 APC，并给出至少三种交流方式。

2. 在有些国家，经常坐汽车的人都要支付道路通行税，还有别的办法让经常坐汽车的人支付道路的使用费吗？做一个 APC。

3. 你接到一个神秘的电话，要求你到一个咖啡馆去和一个你不认识的人见面。对这件事，有哪些可能的解释？你该采取什么行动？请分别做一个 APC。

4. 在一个电视猜谜节目里，有这样一个谜语：圆圆的，胖胖的，而且很好吃。它是一个汉堡包，还是其他什么东西？做一个 APC，列出你可能想到的所有答案。

5. 有人看见一个男人走下高速公路，并把一个褐色的纸袋盖在头顶。你认为他为什么这样做？做一个 APC，给出至少五种解释。

6. 你和你的朋友组成一个团队，为慈善事业募捐，你只有一天时间，要尽可能多地募款。做一个 APC，想想有多少种办法来完成这一任务。

7. 你家附近非常脏，因为有些人总是乱扔垃圾。你怎样来解决这个问题？做一个 APC，想出至少三个解决办法。

8. 假如你在经营一家保险公司，你的保险推销员工作得很努力，除了给他们发奖金以外，你还想用其他的方式来奖励他们。做一个 APC，提出其他的奖励方式。

9. 你能想象出把电视机做成其他的形状吗？如果可以，先用 APC 列出你的想法，然后戴上黄色思考帽来展示出你设计的新形状有什么优点和好处。

# 价值判断

在解答数学题和逻辑性猜谜时，只要得出正确答案就足够了。但真实的生活与此大相径庭，因为价值判断影响着我们的解答。价值判断是思考的一部分，价值判断通常涉及到其他人。一个逻辑上正确的问题解决办法可能不被人们接受，因为它违背了人们的普遍价值判断（而这个价值判断也有可能是非逻辑性的）。

如果我们要在真实的世界里进行思考，就必须清楚地意识到价值判断的存在。

有一条通往城市的宽阔的新高速路被修建好了。让我们来看看人们的想法以及其中包含的价值判断：

- 土地被征用来修路，农民们很不高兴。
- 被这条高速路分开的邻居很不高兴。
- 住在高速路旁边的居民们很不安，因为噪声、尾气污染以及小孩子的安全问题随之而来。
- 住得离城市很远的人很高兴，因为他们可以更快地往返于城乡了。
- 住在城市里的一些人很高兴地迁往乡村，因为那里的房子更便宜，生活质量更高。
- 城市居民可以经常驱车前往乡村了。
- 城市的交通堵塞问题更严重了，因为每天有更多的车从郊区涌入城市。
- 汽车燃油加重了污染。
- 能源需求提升，需要进口更多的石油。
- 汽车商可以卖出更大更快的汽车。
- 乡下的房子可以涨价了。
- 乡村学校得以保留下来，因为更多人居住会带来更多生源。

并非所有的情况都很复杂，但是这些情况分别涉及到不同人群的不同价值判断。对一个人有好处的事物对另一个人来说就未必是好事。新机场的建立对经常飞往各地的人来说是件好事，但对住在机场附近、必须忍受噪音的居民来说是件坏事。

药物和化学成分经常被用在动物身上做实验，以便探知这些药物和化学成分对人体是否安全。这对人来说是好事，但对动物来说却是灾难。

如果你向饥馑的国家免费提供食物，这对饥饿的人群是好事，但对当地的农民是坏事，因为他们再也没法卖出农产品。从长期而言，当地的农业会因此而进一步减产，这可能对所有人都是坏事。

在所有的思考中，应该习惯性地提出两个关键问题。每当我们思考什么事情时，都应该常规性地提出这些问题：

1. 这涉及到哪些价值判断？
2. 谁受到了价值判断的影响？

黄色思考帽和黑色思考帽都与价值判断有关。在黄色思考帽中，我们找出事物的好处。在黑色思考帽中，我们寻找问题和危险。

在考虑价值判断时，我们需要考虑到所涉及的人群。专门用于这一用途的工具 OPV 将在后面几页做出介绍。

在考虑价值判断时，我们还需要考虑任何一种行为的后果。本书后面会解释与此相关的工具 C&S。

在考虑价值判断时，我们需要迅速地评估出事物的有利因素、不利因素和兴趣点。本书后面会解释与此相关的工具 PMI。

## 价值判断的练习 ////////////////////////////////////////////////////////////////

1. 你喜欢看电视，你的爸爸妈妈认为你看得太多了。这其中涉及到哪些价值判断？

2. 一个律师清楚地知道，她的委托人确实犯了抢劫罪，她还应该在法庭上为委托人进行辩护吗？这涉及到哪些价值判断？

3. 在卡通片和现实生活中，狗不喜欢猫，耗子也不喜欢猫，但是有些人喜欢猫。这里涉及到哪些价值判断？

4. 在有些国家，妇女在家里从事一些收入微薄的缝纫工作。你如何看待以下价值判断？

- 至少妇女得到了一点收入。
- 孩子得到了食物。
- 薪水太低了，妇女们其实被剥削了。
- 老板们从中赚取了差价。
- 你旁边的服装店想卖这些便宜的衣服。
- 你喜欢廉价的衣服并想买一些。

5. 街头犯罪事件日益增多，受此影响的人群是哪些？他们的价值判断是什么？

6. 人们喜欢交头接耳说闲话，即便他们所说的并不是真的。说闲话会涉及到哪些人群？他们的价值判断是什么？

7. 你认识的一个人厌倦了上学，他将所有的时间都用来在咖啡馆打工赚钱。这件事涉及到哪些人？他们的价值判断各是什么？

8. 日本平均每年发生2000起谋杀案。美国人口虽然只是日本的两倍，但是美国平均每年发生的谋杀案是28,000起。这涉及到哪些价值判断？

9. 你爸爸很不喜欢你的新朋友，你为此和你爸爸吵了一架。这涉及到哪些价值判断？

# OPV

## ——关注其他人的观点

OPV（Other People's Views）是指引注意力的另一种工具，它用于扩展感知。它的发音是三个字母连读："O""P""V"。

- **"这件事涉及到很多人。让我们做一个 OPV。"**
- **"如果你事先做了 OPV 的话，就不会搞得像现在这样一团糟了。"**

想象一个争夺世界冠军的重量级拳击赛。其中一个选手屈臂挥拳向上一击，他的对手应声倒下。于是，新的世界冠军产生了。

思考过后，就是采取行动。在这个过程中，总是有人采取行动，而另外一些人（或者很多人）受到行动的影响，就像拳击比赛中那样。但是，在比赛中，受影响的不仅仅是选手本身，还会有很多人，他们可能包括观众、媒体（电视或报纸）、参加博彩的人、下一个挑战者、赞助商，等等。同样的道理，行动除了影响直接相关的人以外，还会影响到其他很多人。因此，在采取行动前进行思考的时候，必须把这些人考虑进来。正因如此，OPV 是一个非常重要的思考工具。

世界充满了人，思考是由人来进行的，思考也影响着人。

两个关键的问题是：

1. 这个思考（行动）会影响哪些人？
2. 被影响的这些人有哪些看法（想法）？

OPV 和价值判断非常接近，因为被影响人群的想法是受其价值判断支配的。因此，在做 OPV 的时候，我们还需要考虑所涉及到的价值判断。

人们能够寻求自己的价值判断吗？他们不一定具有相应的知识。在一个地方修筑水坝的长期后果是很复杂的。人们有可能对此反应过度，也有可能没有反应。未来几代人的看法应该纳入到 OPV 之中，他们不可能现在到场做出他们自己的思考，因此，一部分的 OPV 是为他们的利益着想的。

思考有长期思考和短期思考。食物价格上涨在短期内很不受欢迎，但是从长期来看，涨价可以使农民受益，他们会受到激励而生产出更多的食物，最后，可能所有人都会从中受益。

始终记住：OPV 总是关注其他人此时此刻真实的想法，而不是他们应该具有的想法。OPV 也可以考察其他人的特定看法。你必须站在他们的角度设身处地地进行思考，并感受到他们的感受。OPV 并不是用来寻找对同一事物的不同看法，而是用来考察其他相关人物的看法。

做 OPV 的第一步是列出受影响的人。第二步是想象这些受影响的每一个人（或群体）的看法和思考。在有些情况下，受影响的人员名单可能会无休止地列下去。对此，你应该持合理的态度，因为并不总是有必要考虑那些只受到轻微影响的人。

## 争论的双方

OPV 一个显而易见的用途，就是考虑争论或冲突双方的意见。如果你属于争论中的一方，你可以设身处地站在对方的角度来看待事物。

努力看待其他人的观点或感知时，应该尽可能客观。想想他们怎样看待事物。

# OPV 的练习 //////////////////////////////////////////////////////////////////////

1. 邻居院子里有一棵美丽的树，它越长越高大，最后遮住了你家客厅的阳光。对这件事涉及到的人的看法做 OPV。后来有一天，一场猛烈的风暴吹倒了这棵树，倒下的树砸坏了你的房子，对此也做一个 OPV。

2. 一个女孩把钱交给她的朋友，请朋友帮她买一张彩票。她的朋友自己也买了一张。两张彩票中的一张中了一大笔钱，这笔钱应该归谁所有？对此做一个 OPV。

3. 一个男孩喜欢在学习的时候放着很大声的音乐，但又不喜欢用耳机，而他的父母和姐姐都喜欢在安静的环境里工作。对此做一个 OPV。

4. 政府禁止所有的机动车驶入市中心。请列出受此禁令影响的所有人群（这是做 OPV 的第一步）。

5. 当你生病卧床的时候，你最好的朋友竟然跟你的恋人出去约会了。对此做一个 OPV。

6. 你有一位 75 岁的外婆，她想搬过来和你们全家一起住。对你的爸爸、妈妈和其他家庭成员的看法做一个 OPV。

7. 一个喜欢特立独行的女孩参加了一个绝食运动，她拒绝吃任何食物。对此做一个 OPV。

8. 本地政府增加了税收以改善教育。这件事涉及到哪些人？对他们的想法做 OPV。

9. 工厂工人要求增加工资，因为物价一直在上涨。但工厂管理层却说他们没法涨工资，因为国外的竞争对手的产品正在降价。给对立双方的看法做 OPV。

# C&S

## ——思考的结果和结局

把这个感知工具理解成"因果关系"好了，C&S（Consequence and Sequel），它的发音就是"C and S"。

你可以找找看，有什么例子能说明这一点：在现实生活中这是最重要的思考工具。如果你的思考结果是采取某种行动，或者做出某种决定、选择，制定某种计划，产生某个创意，等等，那么这些思考结果都是将会发生的。因此，你必须考虑这些行动、决定、选择、计划、创意等可能带来的结果。

问题可以得到解决吗？

这会带来什么利益？

会不会有什么麻烦或危险（风险）？

代价有多大？

C&S既是探索（未来），也是评估。它就像是设计路线图。如果你看到前方是死路，那就不要走那条道路。

即便C&S被单独使用，只要运用得当，它也照样是个强大的思考工具。

年轻人常常不容易使用C&S，因为他们通常不考虑将来，未来是模糊而遥远的，下一周就是他们能考虑到的最远的未来，而自然有人替他们在考虑下一周的事情。

C&S、CAF和OPV之间存在相互的关联。未来会发生什么，这可以作为一个考虑因素，而未来发生的事情会影响其他人，也涉及到某些价值判断。黑色思考帽和黄色思考帽都可以用来评估未来的结果。

在做C&S的时候，你可能会进入某个"位置"，亦即你做的某件事可能使你站到更好的"位置"去做其他事。例如，你在电视台工作，收入微薄，但你要知道现在的工作是你将来成为一个大牌记者的必经之路。从这个角度看，你正处在一个有利的"时间定位"点上。

## 时间范围

即时：行动的即时结果。

短期：在采取行动后短期内发生的结果。

中期：尘埃落定后发生的结果。

长期：更长远的后果。

实际的时间范围因面对情况的差异而不同。例如，在考虑建立一个发电站可能带来的结果时，即时结果意味着五年，短期结果意味着十年，中期结果意味着二十年，长期结果意味着五十年。而在考虑你跟朋友吵架的后果时，即时结果就意味着现在，短期结果意味着一天，中期结果意味着一周，长期结果意味着一个月。

## 风险

这会像我希望的那样行之有效吗？

会出现什么错误？

现实的危险有哪些？

另一个考察风险的方式就是问你自己：最坏的结果会是什么？

如果你能找出最坏的情况并能面对它，那就继续采取你的行动。

你还可以问：最理想（最好）的结果会是什么？

在这两者之间，你还可以问：最可能出现的结果是什么？

## 确定性

你对未来从来没有确定性，你永远也不可能获得关于未来的全部信息，这就是思考如此重要的原因之一。当我们运用 C&S 工具来探知未来的时候，有各种程度的确定性和不确定性：

我敢肯定事情一定会朝这个方向发展。

这是最可能的结局。

结果可能这样，也可能那样。

这只是一种可能性，我不能确定。

我完全不确定未来会发生什么。

　　的确，我们常常在确定性很小的情况下也会采取行动。我们不能总是等到一切昭然若揭、100％确定的时候（这个时候可能永远也不会出现）才采取行动。重要的一点是意识到确定性的程度。如果你真的只是在猜测，那么你就应该知道你是在赌运气。

## C&S 的练习 ////////////////////////////////////////////////////////////////////////

1. 如果有一种办法可以教狗说人类的语言，世界会变得怎样？对此做 C&S 分析：看看即时的和长期的结果分别是什么。

2. 随着自动化程度越来越高、技术越来越普及，未来人们有可能只需要一天工作三个小时。到那时，你认为将会发生什么？对此做 C&S，分析长期结果会如何。

3. 假设有研究表明，长期看电视会对大脑产生损伤。对此做 C&S 分析，分别看看其即时的和长期的结果。

4. 一条新法律得以通过，这条法律要求十岁以上的小孩每周必须工作十个小时。对此做一个全面的 C&S 分析。

5. 你形影不离的好朋友遇到了车祸，并将住院六个月。对此做全面的 C&S 分析，看看你的生活会受到哪些影响。

6. 新的证据显示，温室效应（地球大气层日益变暖）比想象的更严重。你认为这一信息对政府官员会产生什么影响？对此做一个 C&S。

7. 一种新发明出来的药可以使人活到一百岁，但这种药非常贵。对此做一个全面的 C&S 分析。

8. 欧佩克（OPEC）组织又引发了一场新的石油危机，导致油价翻了三番。做 C&S 分析，看看即时的和短期的结果是什么。

9. 有一种神秘而且严重的疾病是由接吻引起的，这种疾病正在你所居住的城市里蔓延。做 C&S 分析，看看即时的和短期的结果会是什么。

# PMI

——有利因素、不利因素和兴趣点

很多高智商的人在对某个事物做出初次判断之后，就用他们的思考来支持这一判断或者为之辩护。PMI（Plus, Minus, Interest）是拓展感知（也是指引注意力）的工具，它促使思考者在对事物做出仓促判断之前先考察事物的情况。

一个探险者探险归来以后，报告他发现了一块新的陆地，但他对这块陆地的描述很不完整。于是，他被命令重新回到那块陆地，仔细地考察陆地的北面、东面、南面、西面以及陆地中心分别是什么。这个探险者按照这个简单的指引注意力的框架，很快完整地描述出了这块新陆地。

PMI 就是类似的指引注意力的工具。看看事物的有利因素是什么，不利因素是什么，有趣点是什么。只有对事物做了这样全面的考察之后，我们才能做出判断或得出结论。

在实践中，PMI 非常受青少年的欢迎，因为它是如此简单而又有效。即使只用 PMI 工具，而不再进一步用其他工具，你的思考也会比以前更善于处理现实生活中的情况。青少年经常让他们的父母在做出决定或反应之前也做一个 PMI。

- "我知道你不喜欢这个，但是让我们先做一个 PMI 吧。"
- "那看起来是个不错的选择，但还是让我们先做一个 PMI。"
- "我们有两种选择。让我们分别对每一个选择做 PMI。"

PMI 的发音是三个字母连读："P""M""I"。

PMI 既是一个考察工具，也是一个评估工具。如果在每一个方向都考察一番，我们会看到什么？

乍一看，PMI 有点像是六顶思考帽的压缩版，因为它运用了六顶思考帽中的黄色、黑色和绿色思考帽。这的确有点相似，但 PMI 更直接地关注有利因素、不利因素和兴趣点。黑色思考帽并不是直接关注缺点，而是判断某个事物是否符合真理或实践经验。而且，黑色思考帽和黄色思考帽必须是逻辑性的，但 PMI 却不一定，它还包括我们的感觉。

PMI 是一个非常简单、全面的考察和扫描。

## 兴趣点

- "看看将会发生什么，这很有趣。"
- "看看会导致什么结果，这很有趣。"
- "如果……将会发生什么？"

你可以用以上这些表达方式来收集你的兴趣点。兴趣点既不是优点也不是缺点，而是令人感兴趣的点。兴趣点包括观察和评论，中立的观点（既不好也不坏）也属于兴趣点。

## 扫描

PMI 是一个扫描工具。它并不是要求你思考事物的每一点，然后将这些点分门别类地装入标着"P""M""I"的盒子里。PMI 意味着先专注考察事物的优点，并记录下你所看到的（此时，对于与有利因素无关的观点，要将其忽略不计）；然后专注考察事物的缺点，同样记录下你看到的所有（要求同上）；最后再专注考察事物的兴趣点，并做记录。

要始终按照 P–M–I 的顺序来考虑问题（先考察优点，再考察缺点，最后是兴趣点）。

# PMI 的练习 //////////////////////////////////////////////////////////////////////

1. 在很多国家，老龄人口与日俱增。有人提议应该建立一个专门机构，维护 60 岁以上老人的利益。对这个提议做一个 PMI。

2. 有几个公司引进了这样一套电子系统，每个管理人员的名字上方都配备了红色和绿色两个电钮。每天，管理人员可以根据自己的情况按动装在自己办公桌上的这两个电钮。红色电钮表示他很忙，不想被打扰。绿色电钮表示他现在有足够的精力去做任何事情。对此做一个 PMI。

如果把这套系统引进家庭，每个家庭成员每天都可以根据情况选择这两个电钮，你觉得怎样？请再做一个 PMI。

3. 有些城市打算提供免费的白色自行车供大家按照各自需要使用。你可以挑出一辆自行车，使用完以后，再留给其他人使用。对这个做法做 PMI。

4. 假设心理感应是存在的，当别人一想到你的时候，你就能准确地感应到别人的想法。对此做 PMI，看看这是个好事情吗？

5. 可以让学生每年选举出他们想要的老师，并根据他们的选票来给老师评定等级吗？对这个主意做一个 PMI。

6. 有的工厂在试行四天工作制，亦即工人一周工作四天，四天内每天工作十个小时，这样就有三天的休息时间。对此做 PMI，你认为这是一个好办法吗？

7. 一位妈妈认为她的孩子看电视看得太多了，为了限制她的孩子，她在电视机上装了一个投币盒，孩子想看电视的话，必须按小时付费。对这个主意做 PMI。

8. 每个小孩每年都应该用整整一周的时间来做家务，包括买菜、做饭、打扫卫生，等等。你认为这个主意怎么样？请做一个 PMI。

# 焦点和意图

大部分思考都是天马行空的，从这个点飘移到另一个点，思考者任由想法在自己的头脑中发散跳跃。在谈话中，一个人说的什么话常常引发其他人的联想和对话。这种谈话是模糊、笼统的，没有明确的目标，我们日常生活中的大部分情况就是如此，但这正是导致思考效率低的原因之一。

我们现在已经学习了一些思考工具和习惯，该考虑一下思考的"焦点和目标"了。这是另一种思考习惯，它意味着我们应该经常意识到自己思考的焦点和目标是什么。习惯是思考的一部分，工具则是在思考中偶尔拿来使用的，一些与此相关的工具（AGO 和 FIP）将在后面几页进行介绍。

在一个家具展厅里，我正在考虑购买一张餐桌。我的焦点集中在桌子上。但是现在，我在查看桌腿，看看它们是不是牢固，还检查了桌面，看看它是不是容易弄脏或者烫坏。不一会儿，我的注意力又被桌面上的一道刮痕吸引了。这里的重点是，我所有的思考目标都是考虑买一张桌子。但在每一个时刻，我的注意力则总是集中在这个总目标下的子目标上。不仅如此，对这些子目标的思考也有着特定的目标。（比如，这个刮痕要紧吗？）

## 关键问题

所有的思考习惯都有一些关键问题，我们应该始终对自己提出这些关键问题。对于思考焦点和意图来说，应该提出的关键问题是：

我现在正在关注（思考）什么？

我正在努力做什么？

你可以在思考过程中不断地问自己这些问题。当会议变得杂乱无章、没有头绪时，你也可以提出这些问题。

## 设立焦点

我们既然需要明确地意识到思考焦点和意图是什么，那就应该先设立出思考焦点和意图。

你想集中关注什么？

在安排思考进程（蓝色思考帽思考）时，你应该挑选和定义出不同的焦点领域，以及你想在每个焦点领域中做什么。

## 思考的类型

我们可以考虑五种广义的思考类型：

**考察**：环顾四周，增加我们对事物的了解和认识。我们希望获得一幅更好的描述事物的地图。

**寻找**：在寻找时，我们有明确的需求。比如，我们需要某个事物，我们想要获得某个结果，我们需要解决问题的方案，我们需要一个设计或新的创意，我们需要解决冲突。这和考察完全不一样。在这里，"寻找"也意味着"创建"。并不是说，解决方案藏在某个地方，我们只要把它找出来就行了。相反，我们必须创建出解决方案，就像我们必须把事物组合到一起进行设计一样。因此，我们在这里谈的是"寻找我们想要的结果"。

**选择**：存在多种选择，我们必须做出选择或决定。也许只有一个行动方案，我们的选择是执行它或者不执行它。在某种程度上，选择是思考的主要部分。例如，在设计或解决问题的时候，我们常常需要在几种方案中做出选择。

**组织**：在这里，所有的元素和成分都摆出来了，就像一个拼图游戏的各个组成部分都被摆出来一样。我们必须以最有效的方式把这些元素组合起来。我们弄来弄去，试了一种又一种方法，使用了各种工具（APC、OPV、C&S 等）。设计一幢房子是创造性思考和"寻找"型思考的一部分，把房子盖起来则是组织型思考的一部分。安排计划和执行计划都是组织型思考的一部分。

**检查**：这正确吗？它与证据相符合吗？它安全吗？它能够被接受吗？这是黑色思考帽思考或者批判性思考。我们对摆在面前的事物做出反应。

我们进行判断和检查。显然，所有的思考（解决问题、设计、选择、组织等）都需要检查这个环节，但是检查本身也可以作为一种思考类型独立存在。

意识到自己正在使用的思考类型对于思维聚集是很有用的。

## 焦点和意图的练习 //////////////////////////////////////////////////////////////////

1. 一个设计师在设计茶杯，她的焦点应该放在茶杯的哪五个方面？例如，她可以关注茶杯的把手。

2. 在一次关于加利福尼亚的葡萄种植的讨论中，大家的思考焦点似乎是葡萄树与葡萄树之间应该保留多宽的距离。你认为这一思考焦点的目标是什么？

3. 你将为你的三个朋友准备晚餐，列出五个你必须思考的焦点。例如，地点，你们将在哪里吃晚餐？

4. 你从商店里买了一台录音机，录音机的质量不是很好，你想把它退回商店。你应该思考的焦点是什么？

5. 你正在家里举行有 20 个朋友参加的派对，但是另外 20 个没有受到邀请的不速之客也突然来到你家。这些人你都认识，但他们还算不上是朋友。你的思考焦点应该是什么？你的每一个思考焦点的具体意图是什么？

6. 一个商人在你家附近开了一家冰激凌店，他的思考焦点如下：

产品的质量

知名品牌的形象

广告和知名度

聘用好的员工

你认为他还应该有哪些思考焦点？

7. 你的一个朋友最喜爱的宠物狗丢了，你现在去帮助她。你认为最重要的三个思考焦点应该是什么？

8. 高速公路上发生了一起重大交通事故，很多严重受伤的人都被送往附近的医院。这家医院的负责人应该思考的焦点是什么？

# AGO

——方向、目的和目标

AGO（Aims, Goals, Objectives）这一工具的发音是三个字母连读："A""G""O"。

这是 CoRT 思维训练课程中用于拓展感知和指引注意力的另一个思考工具。

AGO 和时刻了解思考焦点和目标的习惯有关，但是，相比于每时每刻的思考焦点，AGO 更多地关注思考的总体目标。

- "你召集了这次会议。我想知道我们思考的目标究竟是什么？我希望你先做一个 AGO。"
- "我们已经讨论了一个小时，但我还是没搞清楚我们究竟要达到什么目的。我们能做一个 AGO 吗？"
- "很显然，你的 AGO 和我的不一样。也许在进一步思考之前，我们最好还是先把思考目标弄清楚。"
- "当他把钱拿走的时候，我认为他是一时冲动才那么做的。我敢肯定，如果他事先做一个 AGO 的话，就不会把钱拿走了。"

不要试图把方向、目的和目标区分开来。这种区分也可以做，但是没有任何意义，而且还会引起混淆。

我们的思考目标是什么？

我们想要得到什么结果？

一旦你清楚地意识到你的思考想获得什么样的结果，那么你就已经有了一个清晰的 AGO 了。

- "我想找到一个解决青少年吸毒问题的方法。"
- "我想找到一个办法让毒品贩子远离学校。"

• **"我想让青少年认识到吸毒是危险的。"**

以上这些都是特定的目标，它们都属于同一个领域。一个宽泛的问题可以分解成好几个可以单独解决的小问题。

## 对目标的再定义

AGO 经常与讨论有关。可能有人做了 AGO 之后，其他人并不认同这个目标。因此，试着对思考目标做出其他定义是有意义的。任何问题都不是只有唯一正确的定义，有些定义方式确实比其他的更有帮助。

## 子目标

在去一个遥远乡村的路上，我们可能会路过其他几个乡村。同样的道理，在实现总目标的路上，我们可以设立几个子目标。这就涉及到将问题加以分解，以及挑选出思考的焦点。选择哪一个定义并不重要，重要的是，你每时每刻都要知道自己正在进行的思考是为了什么。

我们的思考目的是什么?

此时此刻的思考焦点是什么?

# AGO 的练习 /////////////////////////////////////////////////////////////////////

1. 在闹市区，三辆汽车撞在了一起，没有人员伤亡。如果你是赶到现场的交警，你会做什么样的 AGO？

2. 天空中飞行的飞机数量太多了，机场和航空交通日益拥堵，飞机经常晚点，而空难事故也在增加。你参加了一个专门为解决这个问题而成立的团队，这个团队的 AGO 应该是什么？另外，请再把总问题分解成三个小问题。

3. 你觉得你朋友身上穿的衣服一点儿也不适合她，对此做一个 AGO。

4. 团队中有一个成员对你撒了谎，你不知道那个人是谁。你现在真正的 AGO 是什么？

5. 为什么青少年必须上学？分别为父母、老师、社会和青少年做AGO。你自己上学的 AGO 是什么？

6. 据传，有一家工厂出产的罐头含有对人体有害的物质，这一消息还未得到证实。如果你是这种罐头的生产者，你的 AGO 会是什么？

7. 在出租车后座上，你发现了一台很昂贵的照相机，你不确定出租车司机是否注意到你发现了照相机。你的 AGO 会是什么？

8. 每个政府都关心本国的国防安全。关于如何最好地保卫国防，人们提出了各种各样的建议。如果有人问你如何看待国防部门的 AGO，你会提出什么样的建议？

9. 对学校考试做一个 AGO。

# FIP

——优先考虑的事项

FIP（First Important Priorities）也是一种指引注意力的工具，它的读音是"fipp［fip］"。

很多指引注意力的工具（CAF、C&S、OPV、PMI、APC 等）都用于拓展感知。这些工具是"平行"思考的一部分：还有哪些？就像在 CAF 中尽量多地考虑因素一样，这些工具都力求在已有的事物名单上不断地添加内容。而 FIP 和 AGO 则试图进行缩减。

FIP 就是优先考虑某些事项。运用 FIP，我们把注意力指向了那些应该优先选择的事物。

这里应该优先考虑什么？

并不是每一件事物都同等重要。有的事物比其他事物更重要。有的价值判断也比其他的更重要。

• **"这里有很多重要的因素，但是哪一个最重要？让我们来做一个 FIP。"**

• **"在做决定之前，你需要知道什么是最重要的。做一个 FIP 吧。"**

• **"我觉得我看重的和你看重的不一样，让我们两人分别做一个 FIP，然后对比一下结果。"**

FIP 工具与 AGO、焦点和目标都有关，因为正如我们需要在思考伊始就明确思考目标一样，我们也需要知道哪些是最重要的。

目标是我们所力图达到的，首要因素则告诉我们如何达到那个目标。首要因素通常是更重要的价值判断和更重要的因素。

## 包含和避免

有些首要因素必须被包含进来。安全性是任何涉及航空和交通的思考都必须优先考虑的，人权和公正是制定法律和政策时应该优先考虑的，便于制造是大部分设计师应该优先考虑的因素，成本和利润是任何一个企业经营者都必须优先考虑的因素。

有些事物则是应该首先避免的。我们应该避免污染，我们应该避免在儿童玩具上出现尖锐锋利的东西，我们应该努力避免医疗事故，我们应该努力避免黑客攻击，我们应该努力避免风险。

换种表达方式，也可以这样说：我们应该在食品销售时做到卫生第一；我们应该避免食品被污染。我们应该追求有效使用能源；我们应该避免能源浪费。

### 有多少需要优先考虑的事项？

当你看着一张因素（比如选择饭店时应考虑的因素）清单时，你可能觉得每一个因素都应该是优先考虑的。通常，我们可以举出很多理由来说明为什么大部分因素都很重要，但是，FIP 却迫使我们做出选择：哪些是真正重要的（而不是哪些是我们想要的）？

因此，在做 FIP 练习时，设定一个人为的数量限制是有用的，这个限制可能是三个、四个或五个。你不能超出这些限定的范围，但你可以把几个因素合并成一个值得优先选择的因素。

在考虑严肃重大的事件时，你不一定要受这个数量限制的束缚，但是设定数量限制是一条很好的思考修养。

## FIP 的练习 ///////////////////////////////////////////////////////////////////////

1. 如果你要挑选出最好的警官，你优先考虑的三个因素是什么？做一个 FIP。

2. 如果父母能够事先决定自己的小孩应该是什么样的性格，那么你认为父母会优先选择的四种性格特征是什么？

3. 当小孩做错了事，父母首先要做的三件事情是什么？做一个 FIP。

4. 在选择职业时，你优先考虑的四个因素是什么？做一个 FIP。

5. 如果你将参加选举你所在团队的领导，你会优先考虑哪些因素？对此做一个 FIP。

6. 一个老板在选择合适的推销员外出推销新的儿童玩具。他做了一个 FIP，他认为这个推销员应该优先具备的条件如下：

精力充沛持久

诚实

熟悉玩具市场

仪容仪表整洁

他还遗漏了什么吗？如果你要做一个四项要素的 FIP，你会怎么做？

7. 父母和孩子因为孩子应该在晚上几点回家的事情争论了起来（孩子的年龄可由你自行设定）。请为父母做一个三项要素的 FIP，再为孩子做一个三项要素的 FIP。

8. 对如何选择朋友做 FIP。

9. 对购买音乐磁带（或 CD）做 FIP。

# 第一次总结回顾

到目前为止，读者也许已经感到有些混淆，因此，现在是对前面的内容做总结回顾的时候了。

应该记住的最重要一点是：目前为止所提到的每一个思考工具和思考习惯都可以单独使用，并不存在将它们全部系统使用的框架。在后面的部分中，我们会谈到一些框架，但是现在，每个思考工具和习惯都可以被看作是独立的、自成一体的。

例如，黑色思考帽可以单独使用，OPV 可以单独使用，C&S 可以单独使用。"价值判断"可以单独使用，红色思考帽可以单独使用，"焦点和意图"也可以单独使用，等等。

我之所以强调这一点，是因为它们与其他一些思考方法不同。其他一些思考方法虽然有令人印象深刻的复杂的使用框架，但在实际运用中却只是花拳绣腿。

著名的瑞士军刀有好多结构组成，每个结构都具有不同的功能。你可以根据需要，每次只使用其中某一结构，比如，这部分是用来切割的，那部分是用来拧螺丝的，还有一部分是用来开启瓶罐的，等等。再想一想木匠的例子，木匠想用锤子的时候就用锤子，并没有什么框架结构来规定木匠使用所有的工具。

从我多年的经验来看，有些孩子只能记住一两种思考工具，比如 PMI、CAF 等。有些孩子则记住了一两顶帽子，而记不住所有的帽子。还有的可能只记住了要养成考察各种价值判断、明确思考焦点和意图等习惯，或者只记住了 OPV。即便孩子只记住了 C&S，这也是非常有意义的，孩子的人生也必然会从中受益。

到此阶段已经产生混淆的人，一定是努力想把每个工具都整合到一个框架中的人。请不要这么做，不然的话，你和你教的孩子都会陷入混淆和困惑之中。

## 工具和习惯

我已经介绍了不少思考工具和思考习惯，工具和习惯之间有什么区别吗？

**习惯：**习惯就是当你进行任何一种思考时，你的头脑里都应该始终自觉保持的意识。当你照相的时候，你总是需要意识到这几样事情：取景、对焦、快门速度、光圈、胶片曝光度等，这些是每一个专业摄影师头脑里都自觉具有的意识。习惯就是如此，每个技巧熟练的思考者在头脑里都自觉保持着一定的思考习惯。

每一个习惯都意味着思考者不时地对自己提出一个（或两个）问题。只有少数人能够记住所有的习惯，有的人只能记住一两个，但无论如何，所有的习惯都很重要，并必须参与到每个阶段的思考过程中。如果你观察一个优秀的思考者，就会发现他身上自觉地具备所有习惯。

**工具：**工具比习惯更加正式，需要我们有意识地使用。你选出一个特定的工具并使用它，然后再放下它。和习惯不同，工具不必从头到尾都使用。工具的使用有助于我们养成习惯，例如，OPV 工具会鼓励思考者总是考虑到其他相关人士的想法，但不论怎样，OPV 是一种特定的工具。

在使用工具时，我们应做到明确、正式，甚至是刻意而为。我们必须说："让我们做一个 PMI 吧。"或者说："我想对此做一个 C&S。"我们越是有意识地正式地使用工具，工具就越有效，工具本身就提示着我们该进行什么样的思考。

对于习惯，我们只能希望能够随时提醒自己运用某个习惯。而对于工具，我们可以进行正式的练习，并明确地要求使用某个工具。

很多时候，当我们在使用工具时，这个工具也伴随着某个习惯。例如，OPV 工具自动地包含了考察其他人价值判断的习惯，所有的工具都包含着集中思考焦点、考虑后果的习惯，而 APC 要求转换我们的感知，等等。

## 思考习惯

在此，我将回顾总结一下本书已经介绍过的思考习惯。我将按照逻辑顺序而不是学习的顺序进行总结。

### 1. 焦点和意图

我现在正在关注（思考）什么？

我正在努力做什么？

这是思考训练中的一个基本习惯。没有这个习惯，思考就会变成漫游，变得混淆和低效率。只对思考对象有个大概的意识是不够的。

### 2. 推进思维和平行思维

还存在其他哪些可能性？

下一步是什么？

这一思考习惯决定着下一个思考步骤。我们是从现在的地方继续前进呢，还是走到旁边的小道（平行）考虑其他的可能性呢？这个选择会很容易变成一种习惯动作，尤其是当我们养成习惯停下来问自己："还存在其他哪些可能性？"

### 3. 感知和逻辑

我的视野有多宽？

还可能以其他什么方式来重新看待事物？

感知的两个重要方面是广度和变化。作为思考的一部分，我们总是需要意识到感知的重要性。目前为止，我还没有为逻辑设计应该提出的问题，因为我会在本书后面进行处理，但一个简单的问题可能是：

这将导致什么？

这个问题和"推进式"的问题很相似。

### 4. 价值判断

这里包含着哪些价值判断？

哪些人受这些价值判断的影响？

在现实生活中的所有思考中，考察别人的价值判断是一个基本的习惯。显而易见，价值判断决定着整个思考的价值。没有价值判断，思考也就没有价值。显然，考察价值判断应该成为思考的一个常规部分。但不幸的是，大部分学校教育都充斥着抽象的迷题和数学题，在这些题目中，价值判断并不重要。而在真实的生活中，价值判断决定着我们的选择、决策、成功和失败。

### 5. 结果和结论

如果你没有成功地得出结论，要问自己：

我已经发现了什么？

我碰到了什么阻碍？

如果你已经得出了结论，要问自己：

我的答案是什么？

为什么我认为我的答案是行之有效的？

自然，"结果和结论"这一习惯是在思考过程的最后阶段使用的。它是一个很重要的习惯，原因有两个：第一，如果我们付出了思考努力，我们当然希望从思考中获取最大的收获，否则我们就浪费了时间；第二，成就感在思考中非常重要，它对我们起着激励作用。没有成就感，就不会激发我们的学习动力。

### 6. 小结

本书后面还会进一步介绍其他的思考习惯。目前介绍的这些习惯在本质上都是重要的，而且应该成为思考的一部分。

## 六顶思考帽

从某种意义上来说，六顶思考帽既是一种思考工具，又是一种思考框架。我把它们视为一种指引注意力的工具，因为它们将我们的思考指向了相应的思考类型或模式。

这些帽子可以分开单独使用（偶尔使用），也可以按照一定顺序来使用（系统使用）。

**白色思考帽：** 信息，统计数据、事实、数字。我们拥有哪些信息？我们没有哪些信息？我们怎样获得所需要的信息？白色思考帽与 CAF、OPV 以及 FIP 有关。

**红色思考帽：** 直觉、本能、感觉和情感。以正式的途径表达出直觉和感觉，并意识到它们是直觉和感觉，而不是逻辑判断。红色思考帽与价值判断和 OPV 有关。

**黑色思考帽：** 黑色思考帽是评估和检查的帽子。这个提议符合我们的经验、信息、体制和价值判断吗？黑色思考帽必须总是逻辑性的，必须有理由来支持。黑色思考帽与 PMI 和 C&S 有关。

**黄色思考帽：** 找出提议的好处和优点。为什么某件事物是可行的？黄色思考帽与 C&S 和 PMI 有关。和黑色思考帽一样，黄色思考帽也必须是逻辑性的。

**绿色思考帽：** 创造力、行动、提议和建议。这是创造性的帽子，它要求提出建设性的想法和新的创意。绿色思考帽直接和 APC 相关。

**蓝色思考帽：** 总结和控制思考过程本身。我们正在做什么？我们下一步应该做什么？蓝色思考帽直接与 AGO、焦点和意图、结果和结论有关。

六项思考帽的运用常常涉及其他工具的综合使用，但我们没有必要将其他工具和六项思考帽整合起来。

## 思考工具

目前为止介绍的七个思考工具都是来自于 CoRT 思维训练课程，CoRT 是专为学校教育所设计的思维训练课程，如今已经被广泛使用。CoRT 包含六个部分，每个部分有十课。

这些工具都是由单词的首写字母构成，我们也给出了每个工具的发音。这些首写字母很重要，它们不仅仅是一种术语，对于把思考态度转变为有用的工具来说，它们是十分必要的。可以根据要求或目的来使用这些工具。

- **"我希望你做一个 OPV。"**

- **"首先，我想做一个 AGO。"**

这里按照工具的一般使用顺序（而非本书的教学顺序）来做一个回顾总结。

### 1. AGO：方向、目的和目标

思考的目标是什么？我们想达到什么目的？我们想获得什么结果？AGO 将我们的注意力指向了思考的目标。如果我们明确地认识到自己的思考目标，我们会更可能实现目标。

### 2. CAF：考虑所有要素

环顾四周，全面考察。我们的思考中应包含哪些因素？我们遗漏了什么吗？还应该考虑其他哪些因素？在我们的思考"推进"之前，确保我们已经考虑到了所有应该考虑的因素了吗？我们必须自己去寻找这些因素，它们不会像在教科书里那样自动呈现给我们。现实生活中的思考可能是一团乱麻，如果你遗漏了重要的因素，你的思考就不可能有好的结果。

### 3. OPV：其他人的观点

有人在思考，有人则受到这一思考的影响。让我们运用 OPV 这个工具来关注那些受影响的人的想法。这些人是谁？他们的想法是什么？这涉及到哪些价值判断？有些人直接受这一思考的影响，有些人则受到思考结果的影响，还有些人只受到间接的影响。思考者应该把这些人都考虑进来吗？还是只需要满足自己的价值判断就够了？好的思考总是会时常运用 OPV 这个工具。

### 4. APC：其他选择、可能性和方案

这个行动还有哪些备选方案？能做些什么？有哪些可能的解决办法？运用 APC，我们努力创造出各种可能的行动方案。APC 也应用于解释和感知。APC 帮助我们检视各种备选方案的储藏库。我们有哪些选择？如果我

们没有别的选择，那就停下来创造一个。

### 5. FIP：优先考虑的事项

通过运用 FIP，我们努力找出最重要的事物。并不是每件事物都同等重要，当我们清楚地知道了哪些是应该优先考虑的，我们就可以在各种备选方案中做出选择。哪一个备选方案最符合优先原则？尽管在对备选方案做选择的时候才运用到 FIP，但是在思考伊始做完 AGO 以后，就可以马上明确地设立出哪些是首要因素。你的 FIP 设立得越严格，就越容易据此做出决策。

### 6. C&S：结果和结局

如果我们选择了一个备选方案作为思考的结果，那就让我们看看采取这个方案之后会发生什么样的结果。接下来会发生什么？会导致什么样的结果？ C&S 也可用于决策阶段。通过对每一个备选方案做 C&S，我们就能看出哪一个方案是最好的。C&S、FIP 和 PMI 都是帮助我们选择方案、解决问题以及设计创造的工具。C&S 可以直接单独地用来评估任何一个提议或创意。

### 7. PMI：有利因素、不利因素和兴趣点

这是一个简单的、指引注意力的扫描。与其一味地捍卫自己最初的判断，不如在做出决定之前对事物做一番考察。我们还可以运用 PMI 来评估结论、决定或解决方案。PMI 也可以用于评估每一个备选方案，以便我们做出选择。PMI 中的兴趣点是极具开放性和思考性的，它会引发出创造性的思考。

## 如何使用工具

按照提供的顺序使用思考工具适用于系统地思考问题，但别忘了，每一个工具都是独立的。这些工具既可以单独使用，也可以选择两三个组合使用。就像木匠可以根据情况来选择使用工具一样，思考者也可以做出类

似的选择。如果涉及到相关的人，OPV 就很重要。如果需要对某个提议做出反应，C&S 或 PMI 就很重要。如果要做出决定，CAF 和 FIP 就派得上用场。如果需要制定计划或采取行动，AGO 就是必备的工具。

由于这些工具是出于实用目的而设计的，所以难免有些相互重叠。有的时候，PMI 和 C&S 可能达到同样的效果。有的时候，CAF 就包含了 OPV 的使用。就像为了把两块木头连接在一起，木匠既可以使用锤子，也可以使用钉子或螺丝钉。

思考者决定使用哪个工具，就使用哪个工具，无须教条。

## 习惯和工具

我曾提到，思考工具的使用有助于养成良好的思考习惯。例如，APC 的使用有助于平行思考习惯的形成，OPV 的使用有助于寻找价值判断这一习惯的形成。

反过来说，思考习惯对思考工具的运用也是十分有裨益的。例如，时刻明确思考焦点和意图这一习惯有助于我们把焦点集中在我们正在运用的思考工具上。运用完这个工具以后，我们需要评估"结果"：我们得到了什么。在运用很多工具（CAF、OPV、C&S、PMI、FIP）时，我们都需要从头到尾清楚地意识到其中所涉及的价值判断。

## 小结

我们已经介绍了很多思考工具和思考习惯。它们可以独立使用，也可以组合使用。作为思考技巧的一部分，它们需要反复练习，大量实践。

## 练习 ////////////////////////////////////////////////////////////////////////////////////////

1. 以下情况最适合运用哪一个思考工具？

•你找不到你所需要的一份文件

•厨房着火了

•你家里人因为家务分担的问题产生了分歧

•你的汽车在高速公路上抛锚了

2. 一家汽车旅馆的经理遇到了一些困难：

•停电了

•一个客人停在楼下的汽车被偷了

•找不到一张足够长的床来提供给一个高个子的客人

•由于出了错，预约的客人超过了能够提供的房间数

以下这些工具中，哪三个最适合解决以上困难？

OPV，APC，FIP，CAF，AGO

3. 从一个锁着的车库里发出难闻的气味，车库主人不在。你会运用哪一种思考工具来解决这个问题？

4. 你的姨妈过世了，留给你一幢老房子，据传这幢房子经常闹鬼。你将做什么？提出一个思考工具来思考这件事。

5. 在一次募捐晚宴上，你要为捐款设立竞争规则，以免有些人不积极捐款。哪些思考工具最能帮助你？

6. 你的一个朋友很胖，但就是改不了好吃的习性。你的朋友请求你的帮助。在你和你朋友的讨论中，你会使用什么样的思考顺序？

7. 有人想在附近为无家可归的人修建一个客栈，其他人都反对，于是召集了一个会议来讨论此事。如何组织在这次会议上的思考？

8. 一个喜剧演员发现人们不再对他讲的笑话感到好笑了。这个喜剧演

员应该使用哪些思考工具?

9. 你发现，出于疏忽，你从商店里拿走了一样东西而没有付钱。使用一个思考工具来解决这件事。

# 第三部分
## 思考的过程与原则

# 宽泛和具体

- **"这里宽泛的提议是什么？"**
- **"我们需要具体的想法来指导我们的行动。"**

你曾经沿着一条路"旅行"过吗？很事实上，有很多种"具体的"方法来帮助你在任何路上旅行：开汽车，坐马车，骑摩托车，骑自行车，步行，骑马，等等。"旅行"是一个宽泛的概念或者一般性的方法，如何将这个宽泛的概念付诸实施则需要具体的主意。

从宽泛到具体，或者倒过来，两者都是很重要的思考习惯和思维操作。

- **"给我一杯喝的。"**
- **"给我一杯软饮料。"**
- **"给我一杯柠檬水。"**

在这里，我们从宽泛逐渐进入到具体，而且分为三个层次。具体的层次就是能够执行的层次。如果任何一种软饮料都可以的话，那么它就是一个具体的层次。

- **"我要回报他。"**
- **"我要给他一些钱作为回报。"**
- **"我要给他 50 英镑作为回报。"**

这里，我们再次从一种宽泛的意愿逐渐进入到具体的意愿。

在我们的大部分思考中，我们必须做到具体、特定，因为有的时候"宽泛"意味着没法给出一个具体的答案。但有的时候，在宽泛的层次上操作也是非常有用的。

## 生成替换性的概念

在水泥地上有一个洞，洞里装满了水，你想把水弄出洞外。

- "我可以把水从洞里抽出来。"
- "我可以把水从洞里舀出来。"
- "我可以把水从洞里转移出去。"

以上每个说法都是一种宽泛的主意、一般性的方法或主意。一旦我们有了宽泛的主意，就可以接着看看用哪些具体的方法将这个宽泛的主意付诸行动。为了"把水抽出来"，我们可以运用虹吸或者水泵。为了"把水舀出来"，我们可以运用小桶、勺子、海绵或抹布。为了"把水转移出去"，我们可以往洞里扔石头，或者放进去一个可以装满水的大袋子，然后再把这袋水从洞里提出来。

与其立刻去寻找具体的办法，还不如先定义出宽泛的概念，因为这样做更有效。一旦你有了宽泛的概念，你就会环顾四周找到具体的办法来付诸实施。

先找出一个事物或者一个问题的宽泛概念，然后从中衍生出具体的方法，养成这种习惯将使你受益匪浅。

在绿色思考帽思考中产生创意或者在做 APC 的时候，经常需要这么做。

## 提炼出宽泛的概念

有的时候，我们需要反其道而行之。我们不是先形成一个宽泛的概念，然后从中衍生出具体的方法，而是先从具体的方法开始，并努力从中提炼出宽泛的概念。

一个农夫有一根削尖的木棒，用木棒在田里戳一个洞以后，就可以往里面播撒种子。这里的宽泛概念是什么？可能是"弄出洞来以便播撒种子"，或者是"将种子撒到低于地面的地方"。

一旦我们有了宽泛的概念，就可以开始去寻找其他的具体方法。例如，我们可以发明出一种能同时戳出好几个洞、并分别往每个洞里播种的机器。

或者，我们也可以将种子播撒到地面上，然后再往地面上垒起一层土。

如果我们要改进或者改变某件事物，一个方法就是提炼出宽泛的概念。一旦我们有了宽泛的概念，就可以做两件事：看看可否有另一种不同的宽泛概念也能达成目的；或者，能否有更好的其他方法来实施这个宽泛的概念。

我们正在努力做什么？

这里的宽泛概念是什么？

还有更好的宽泛概念吗？

怎样以其他的方法来实施这个宽泛的概念？

## 概念和功能

我们经常用不同的词汇来描述"宽泛的概念"：

总体的主意

一般性的方法

原则

宽泛的概念

概念

功能

在有些情况下，使用一种表达法比使用另一种表达法更好。

- **"这个开关的功能是什么？"**
- **"这个课程的概念就是自学。"**
- **"我们的原则是按照人们的产量而不是工作时间来付酬。"**
- **"我们使用的一般方法是：将所有伤员分为三类，一类是可以等待医疗的，一类是无可救药的，一类是需要立即进行抢救的。"**

你应该清楚地掌握这些不同的表达方式。它们虽然具有细微的差别，但是如果你花力气去记住这些差别，那就只会给自己带来混淆。你只需要把它们当作宽泛的概念和具体的主意就行了。

为了方便起见，我们经常分三个层次：具体的主意，宽泛的主意，一般性的方法。现实生活中，有具体的主意（能够被执行的）之后就会有宽泛的主意。有些宽泛的主意比其他主意更宽泛，就像有些路比其他路更宽一样。

## 小结

能够在宽泛的概念和具体的主意两个层次上进行思考，这是非常有用的。在这两个层次之间上下推演，是非常重要的思考操作，也是非常有用的思考习惯。

## 宽泛和具体的练习 //////////////////////////////////////////////////////

1. 你如何描述下列事物背后的宽泛概念？

交通指示灯

地图

汽车方向盘

停车场

2. 你有了一个有趣的新爱好或者新朋友，你想尽量多花时间在那个爱好或朋友身上。举出两种宽泛的方法来说明你怎样找时间。

3. 一只狗觉得自己在家里受到了虐待，这只狗会采取哪些宽泛意义上的行动？

4. 筹办宴会者正在为准备一个大型宴会忙得不可开交，突然一个电话打来，威胁说除非得到一笔钱，否则会在宴会食物里面投毒。这个筹办者可以采取的宽泛意义上的行动有哪些？

5. 在超市里，收银机前总是排着长队。你想改善这种情况。这里正在运用的宽泛主意是什么？你能想出更好的具体办法来执行那个宽泛的主意吗？

6. 你被邀请去参加一个化装舞会。对你要采取什么装扮提出三个宽泛的（而不是具体的）建议。

7. 你的兄弟（或者姐妹、朋友）三番五次地从你那里随便拿走东西，而且从不告诉你，你为此很恼火。你能想出解决这个问题的三种宽泛的方法吗？

8. 一个政治家知道自己在电视上的形象不太好，他能对此做些什么呢？想出两个宽泛的主意。

9. 运动所蕴含的宽泛概念是什么？

# 基本的思考操作

人的手上有很多肌肉，有的肌肉是用来合拢十指的，有的肌肉是用来伸展十指的。当我们用手来做事的时候，我们总是会联合使用好几块肌肉。因此，尽管每一块肌肉的不同基本功能都可以被辨识和描述出来，但这也只是更有利于描述而不是运用。分别练习不同的肌肉块并期望借此将双手运用自如，这是没有多大意义的，要有灵巧的双手，就必须综合使用每一块肌肉。

基本的思考操作也是同样的道理，这些基本的思考操作都存在而且也能被描述出来，但无论何时，每当我们在实际生活中进行思考时，我们都是在综合地使用这些基本操作。综合练习这些基本操作比分别练习它们更好，这也是原理描述和实际操作之间的区别。

正因如此，我直到现在才介绍基本操作。获得一些实用的思考工具和思考习惯是非常重要的，但是，在此考虑一些基本操作也很有意义，因为理解这些基本操作有助于我们更有效地运用思考工具。

## 木匠的范例

在本书前面部分，我把木匠作为熟练思考者的范例。我提到，木匠有三个基本的操作步骤：切割、粘接和成形，当然还有一些进一步的操作，但这三个是基本的。我将把这三个基本操作步骤应用到思考操作中来，尽管不完全贴切，但是其简单性非常有利于我们进行学习。

## 切割

你锯下一块木头。你切下一块蛋糕。你切下一片柠檬。"切割"意味着你不想要事物的整体，你想从整体中取出一部分。

当我们把注意力指向世界的一部分，我们就是在对世界进行"切割"。因此，指引注意力就是"切割"的一种形式。

**焦点：**我们把注意力指向世界的一部分时，我们可能会最终把注意力指向整个世界，但是我们是通过分别关注每一部分来做到的。我们还可以从封闭的视野转向长远的眼光，从观察细节转向关注整体。

**特征提取**：从整体情况中，我们提炼出一个特征。这是思考中用的最多的操作，也是其他操作的基础。例如，在"移动"操作（我们在本书后面会介绍）中，我们从一个激发中提炼出一个特征，然后继续前进，看它能带给我们什么启发。当我们要提炼出一个概念或原则时，就必须在纷繁复杂的关系中进行梳理和分析。

**分析**：当我们提炼出一个特征以后，剩下的就留到后面去做了。但是，在分析的时候要力图进行综合分析，不要有所遗漏。我们努力把情况分解成几个部分或几个片断，这些部分及其相互关系就描述出了整个情况。

**扩展**：在下页的图中，画了一个方形。你可以把注意力指向整个方形，也可以只注意方形的一个角。当我们看的是整个方形时，我们就把方形从它的背景中切割出来。扩展意味着做更大面积的切割，不仅切割方形，而且切割它的背景。尽管"扩展"看起来是"切割"的反面，但事实并非如此，我们只不过是在扩展视野，把背景也切割进来而已。

在餐馆里，服务员给你端来一盘烤鲑鱼和一些炸马铃薯片。当盘子端上来的时候，你注意到整个盘子。当你吃的时候，你的注意力则放在了鱼、部分的鱼或者一片炸马铃薯上。但是，你也可以坐在椅子上往后一靠，把注意力指向整个餐桌（以及与你一起吃饭的同伴），还可以把注意力指向整个餐厅（装饰格调、其他的就餐者，等等）。注意力的范围可以扩大，也可以缩小，不同的切割为我们提供了不同的注意范围。

因此，扩展和考察都是思考中的"切割"部分。想象照相机的广角镜头，这个镜头使我们捕获到更宽广的画面。

## 粘接

粘接就是把事物组合到一起使之不再分散开来。如果你随意把两样事物毫无理由地粘接到一起，而且两者之间也没有发展出进一步的联系，那么这两样事物仍然是各自分离的。将两块木头放在一起并不等于将它们粘接到了一起，因为粘接意味着使用了某种粘胶或胶水。

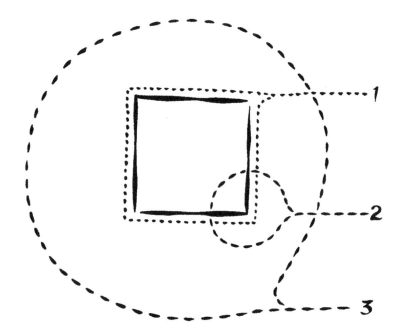

**联系**：我们的头脑很擅长寻找联系。这些联系可能只是想象中的。有些事物在同一时间或空间发生了，所以它们之间必然有某种联系。有的时候，联系非常紧密，而且是一种功能性的联系。如果我们把一些事物归成一组或一类，那就意味着这些事物都具有某个共同的因素。无论何时我们考虑任何事物，事物都会有某种触须深入到我们的头脑，这些触须就构成了联系。触须越多，相互联系的可能性越大，我们的经验越丰富，能够发现到的触须也就越多。

**识别**：这是直接源于连接的基本思考操作。我们所看到（或听到、感觉到等等）的事物与我们头脑中已经储存的某种模式相关联。于是，我们辨认出事物，并知道了该如何对待它。

扳机轻轻一扣，子弹就从枪里飞射出来。同样，一些细小的事物也能把头脑中某个重要的模式引发出来。例如，"死亡"是写在纸上的一个简单的词，但它所引发的想象却是强烈的。对大脑如何形成和使用模式感兴趣的读者可以阅读我的另一本书《我对你错》，在那本书里，我描述了自我组织的神经系统是如何形成模式的。

识别模式和推断未来都来自于对识别和检查的综合使用。

**综合**：我们有意识地将事物综合在一起以产生某种效果。造句就是综合的一个例子。将不同的事物结合在一起也是一种综合。

**创建**：创建也可被视为一种综合，但我希望单独提到它，因为它的含义更广泛。综合只是意味着把既有的东西结合起来，而创建则可以意味着一步一步地把事物建立起来。

**设计**：这是创建的一种形式。我们把事物按照某种方式结合在一起，形成了我们想要的设计。设计包含创造力，有的时候还包含美感。

通常来说，"粘接"这一操作由两部分组成：

1. 认识到事物之间存在的关联。
2. 为了特定的目的把事物结合到一起。

## 成形

木匠在头脑中有一个形状，木匠甚至可能把这个形状画在纸上或模板上。一旦木匠在脑海中形成了形状，他或她就会不断检查正在制作的东西是否与脑海中的形状相符。

对实际形状和脑海中的形状经常进行对比，就是成形这一思考操作的基础。事实上，这个操作步骤也可以被称为"检查"。

**判断**：这正确吗？这符合我的已知吗？这符合事实吗？这些都是黑色思考帽的思考。有些东西与我们所检查和判断的事物相违背。那真的是鲁本斯的画吗？让我们逐一检查这幅画的每个特征。

在真实的生活中，"评估"通常是考察和判断的复杂组合。我们考察行动的即时效应和长远效果，然后判断出这些结果是否符合规范。如果我们的考察发现某种化肥的使用会导致河流的污染，那么污染就不是我们想要的结果。

**匹配**：我们从特定的需要出发，看看所找的是否符合我们的需要。每当你提问题的时候，就是在要求获得某些信息。当你得到一个答案时，你检查这个答案是否符合你的需要。如果一个工程师在寻找具有某种特质的材料，他就会把所有材料逐一进行检查，看看有没有材料符合他所需要的特质。如果他研发了新的材料，他也会检查这些新材料。

**假设**：通常，我们会检查所发现的事物是否违背我们的已知（法律、事实，等等）。通过假设，我们想象出一个机制（或解释），然后看看证据是否支持这一假设。在思考"如果……将会……"的过程中，我们做的就是同样的事。我们抛出试探性甚至激发性的主意，然后检查它们。科学的思考既包括设立假设的能力，也包括检查假设的能力。

**比较**：在判断和检查中，我们常常把摆在面前的事物和我们脑海中的事物进行比较。例如，识别之后的环节就是检查：这真的是我以为的那样吗？医生在初步识别出一种疾病后，就会形成一个假设，然后通过 X 光或其他测试来进一步检验。

在比较中，我们可能有两个（或更多）的事物摆在面前，我们努力比较它们。比较的本质就是寻找事物之间的相同点和不同点。

有的时候，人们把科学家分为"调和者"和"区分者"。调和者注意到不同事物之间的相同点，然后把事物进行调和（并获得有价值的结果）。区分者却注意到相同事物的不同点，然后把事物进行区分（并获得有价值的结果）。一般来说，我们如何处理世界不外乎就是调和与区分这两种方式。我们先形成初步的概念，然后在此基础上形成更好的概念。

## 小结

我们可以把基本的思考操作分为三个：切割、粘接和成形，思考通常包含了这三个操作。例如，即使是把投决定性一票的那个人从人群中挑选出来，这样一个简单的行为也包含了指引注意力、形成概念、设立假设和检查这些环节。理解这些基本的操作有助于发展思考技巧，但仅仅练习这些基本操作也是不够的。

**基本思考操作的练习** ///////////////////////////////////////////////////////////////////

1. 将以下事物分解成几个部分来分析：

梯子，厨房，学校，钱

2. 从以下每个事物中都提炼出两个主要特征：

屋顶，公共汽车，报纸，打喷嚏

3. 尽可能多地找出下面第一列里面的每一个词语与第二列里面每一个
词语的联系：

| | |
|---|---|
| 嘴巴 | 桶 |
| 招牌 | 奶酪 |
| 食物 | 钢笔 |
| 奶牛 | 马 |
| 火车 | 计算机 |

4. 下面有八样东西，你能用多少种方法把它们分成两组（每组四样东
西）？

士兵，青蛙，河流，云，汽车，锤子，酒，病毒

5. 下面三组中，每组都描述了一个或多个事物的特征。看看你能找到
多少与每组特征对应的事物？

危险，锋利，没有把手
动物，小孩，纸

两个轮子，很长，很吵

6. 对于下面给出的每一对事物，请尽可能多地列出它们之间的相同点和不同点：

假日／蛋糕　　银行／书　　跑步／步行　　孩子／成人

7. 分别设立一个假设来解释下面的情况：

坐落在街道地势较高那一边的店铺比坐落在另一边的店铺生意更好。
很多鸟的羽毛颜色都很鲜艳。
有的国家是靠右行驶车辆，有的国家则靠左行驶车辆。

# 真理、逻辑和批判性思维

要说明什么是撒谎，这非常简单。有人问你多大了，你明知道自己 14 岁，但你却说自己 16 岁，这就是撒谎。

然而，要说明什么是"真理"就非常难了，除非这个"真理"就处在谎言的对立面。

在思考和交流的时候，如果我们不想出错的话，真理的重要性是不言而喻的。

在实际运用中，真理有两种。一种是"游戏真理"，另一种是"事实真理"。

**游戏真理**：如果你设立了一个游戏的规则和定义，那么凡是符合那些规则和定义的就是真的（正确），不符合的就是假的（错误）。如果你设立的游戏规则导致 2 + 2 = 4，那么"5"这个答案显然就是错的。多年以来，哲学家和其他一些人致力于把语言作为一种游戏的真理，但是当语言处理的是事实而不是一种抽象的游戏时，困难就发生了。

**事实真理**：我们的想法和所了解的信息与现实世界有多吻合？我们依赖于感知和不完全的信息。有多少次，科学家们确信自己是对的，但结果却发现自己是错的。对实际的思考来说，事实的真理非常重要。即使是在数学中，也需要把我们对于现实世界的感知转化成一些符号。

我们生活在现实的世界，我们必须处理各种事务。我们必须做出决定、计划行动。我们不能坐等绝对的真理。因此，我们所运用的"事实真理"分为了几个层次。

1. 可检验的真理。你可能反复多次地检查某件事物，并总是得到同样的答案。其他人也进行了检查，并得到一样的答案。这时，很可能每个人的检查方法（或检查工具）都存在本质上的错误。

2. 个人的经验性真理。我们倾向于相信自己的眼睛看到的证据，但是我们也有出错的可能。记忆有可能愚弄我们，它完全可能存在幻想、欺骗甚至幻觉的成分。

3. 二手的经验性真理。即别人告诉我们的。即使告诉我们的人是真诚可靠的，但那个人的信息却有可能是从一个不可靠的人那里得来的。实际上，人们完全有可能在真诚可靠的同时也错误百出。

4. 常识。常识是文化的一部分，是被大家接受的知识，比如，地球围绕着太阳转，维生素 C 不足会导致坏血病，等等。但是，只要我们回顾历史，就会发现很多过去的常识后来都被证实是错误的，这样的例子比比皆是。

5. 权威。父母、老师、参考书、科学家、宗教领袖等权威可能比大部分人有更高的资格来检验真理，因此，我们倾向于相信他们所提出的真理。但是，历史多次证明，权威也可能是错的。曾经所有的医学权威都相信放血（用水蛭吸血）对大部分疾病来说是最好的医疗方式，数学家们曾经证明不可能将火箭送上月球，也不可能实现人力飞行。宗教权威则另当别论，因为他们涉及的是"游戏的真理"，亦即在某个信仰系统里面的真理。

考虑以下关于奶牛的说法。

**•奶牛会飞。**

这与我们任何一个人的经验相违背，也不符合我们对奶牛的定义。我们可以把这种说法当作痴人说梦，就像生物学家不相信有关发现澳大利亚鸭嘴兽的报告一样。

**•奶牛会制造出污染大气的沼气。**

很多人不会对此提出异议，并接受权威的看法。据说，奶牛每年往大气中释放 7000 万吨沼气。这比同等数量的二氧化碳造成的温室效应更严重。

**•奶牛靠微生物来消化食物。**

这既是一种常识，也是专家权威的意见。

**•所有的奶牛都有角。**

如果在你的个人经验中见过有角的奶牛，那么你会同意这个说法。如果你见到的都是没有角的奶牛，你就不会同意这个说法。这里的关键问题在于"所有的"。

**•奶牛任何时候都会产出牛奶。**

这是一种经验或生物学知识。奶牛在生下小牛仔以后就会产出牛奶。

**•奶牛是危险的动物。**

这个说法关系到个人的经验。有的奶牛可能是危险的，但是一般认为公牛才是危险的，而奶牛是不危险的。

**•奶牛是色盲。**

这个说法关系到特殊的知识。你可能争论说，既然公牛会对斗牛士的红巾子产生反应，那它们就不可能是色盲。这是一种推论。

**•奶牛喜欢吃鱼。**

你从来没听说过这种事，但也许有可能。

**•奶牛能最有效地把草转化成蛋白质。**

你不得不相信这一点，除非你想到另一种更有效的转化方式。

**•奶牛是神圣的动物。**

你也许对这个说法感到好笑，因为这不符合你自己的经验。但是如果你了解印度的话，就会知道在印度教里奶牛的确被视为神圣的动物。有的事物在某种情况下是真实的，但在另外一种情况下却是不真实的，这就是一个例子。这一点很重要，我后面会回过头来再讨论这一点。

## 思考习惯

作为思考习惯的一部分，我们应该总是提出这些问题：

这里的真实情况是什么?

然后,就像上面关于奶牛的例子一样,你找出这个真实情况的真实度。你不必接受别人告诉你的一切,你可以自己对事物(尤其是信息)进行检验。

也许思考中最难处理的部分(尤其是还涉及到其他人的时候),就是那些被断言的真实情况。

- **"就是这样。"**
- **"这绝对是真的。"**
- **"这总是真的。"**

如果这些被宣称是真的,你反而需要仔细地检查一番。而另一方面,如果这些表达没那么绝对的话,你或许可以接受它们。

- **"有的时候就是这样。"**
- **"我记得读到过这样的报道。"**
- **"这可能是真的。"**
- **"有人曾经这样告诉我。"**

被断言的真理价值与客观的真理价值之间总存在一定距离。

可惜的是,在思考和争论中,人们为了捍卫自己的观点,都倾向于独断和肯定。

同样,我们的逻辑习惯也经常使我们使用诸如"总是""所有的""从不"一类的词语。如果我们只是说"大体上""通常来说""总体说来""就我的经验来看",我们可能更加接近真相。

## 逻辑

运用逻辑,我们从现在的位置移动到新的位置。如果没有新的信息输入,那么我们就在已有信息的基础上推进(这是逻辑推理)。

我们对真实情况的第一个检验就是看看它是否合乎客观事实。

第二个检验就是看看我们的结论是不是符合逻辑推理（从既有的事物推导出来的）。

惩罚可以阻止人们犯罪。

因此，为减少犯罪，我们可以运用惩罚。

首先，我们必须看看有没有证据支持"惩罚可以阻止人们犯罪"这一说法。这个说法听起来合理，但不一定是真的（因为罪犯不会期望自己被抓获）。

如果我们接受这一断论，那么我们接着看看能否得出那个结论。惩罚并不必然阻止人们犯罪，它只是有助于阻止人们犯罪的方法之一。因此，我们运用的词是"可以"。同时，我们还需要考虑到惩罚的数量、犯罪的类型、成本，以及惩罚的效果等因素。

应该习惯性提出的问题是：

可以推导出这个结论吗？

更重要的问题是：

必然会得出这个结论吗？

一个逻辑性的争辩取决于推论的必然性。如果我们只是说"有可能"得出这个结论，那这就是一种建议和探索了。

## 逻辑、信息和创造力

很多时候，我们忘记了逻辑推论的"必然"实际上并不是基于逻辑性，而是由于创造力或信息的缺乏。

一个人走进房间，房间里有一个很美丽的水晶花瓶。房间是封闭的，没有其他人进入房间，房间里也没有窗户或洞。十分钟后，这个人走出了房间，而房间里的花瓶碎了。这个人否认他打碎了花瓶，但一定是他打碎了花瓶，因为除此之外找不到别的解释。

这时，我们需要创造力或信息来考虑到高频声波也可能震碎玻璃。一旦有了这种想法，我们就不能再说他"一定"打碎了花瓶。这就是一名优秀律师所做的。

人们饮食过度，会变得肥胖和不健康。

如果提高食物的价格，人们就会少购买一些食物。

如果少购买一些食物，人们就会变得更加健康。

我们可以接受这样的推导，但是运用创造力，我们就能得出其他的结论。

人们可能还购买和以前一样多的食物，但会减少其他方面的开支。

人们可能在食物上花一样多的钱，但是用来购买便宜的垃圾食品，而这会导致他们更不健康。

在现实情况中，一系列的推导显然经常（但不总是）没能看到其他的可能性。

类似地，对于那些自以为是、看起来明显合乎逻辑的推导，最好的摧毁办法就是列举出其他可能的解释。

昨天夜晚，我们看见有光线从上空投向一片田野。

但是美国空军声称没有任何记录显示有飞机在昨天晚上飞过那片田野。

因此，这一定是 UFO。

但实际上，有可能是毒品走私犯的飞机，它为了躲避雷达而低空飞行。

如果你把一枚硬币抛到坚硬的物体表面，硬币不大可能立起来。因此，落下的硬币要么是正面朝上，要么是反面朝上。当只存在有限的可能性时，逻辑推导就是非常完美的。如果所有其他的可能性都被排除掉，那答案一定就是剩下的那个可能性了。遗憾的是，虽然我们倾向于说只有"有限"的可能性，但这种"有限"更多的是来自于我们的知识和创造性想象力的有限。

在定义中相互对立的事物不可能共存，但两种事物是否真的互相对立？我们经常有爱恨交织的感情，而在日本，完全存在某个人既是朋友又不是朋友的可能性，因为日本人并不具有西方人的那种对立性思维。

总体说来，当我们试图描述世界的真相时，逻辑的困难就出现了。对于处理已经被建立好规则的游戏，逻辑的力量十分强大，但这里的问题在于：语言究竟是一种被建立好规则的游戏，还是一种对我们的感知进行的描述？

## 批判性思维

如果我们把"批判性思维"用于指所有的思维，那我们就不需要"批判性"这个术语了，而且这个术语也失去了其特定的含义。

"批判性"一词是经由拉丁语而来的希腊语中的"判断"一词，词典（《牛津英语词典》）中对它的定义是"苛刻地挑剔"或"缺陷探测"。

"批判性"常常意味着评估，这是好的还是坏的？但是，这个含义削弱了批判性思维的主要价值。

批判性思维的本来目的是通过攻击和去除错误来发现真相，这有利于激励人们不要滥用语言、概念和争论，但它缺乏创造性和建设性的力量，我在本书前面部分提到过这一点。

当然，去除错误（正如黑色思考帽思考所做的）会使主意得到改善，但是这对创造性思维来说还是远远不够的。

批判性思维确有其价值，它就像汽车的一个轮子一样不可或缺。但是只教授批判性思维是不够的，而反应式思维本身也是不够的。

水可以灭火。
水是液体。
汽油是液体。

所以，汽油也可以灭火。

批判性思维可以指出这是逻辑推导中的一个典型错误。约翰喜欢吃牡蛎。约翰是个男孩。彼得也是个男孩。所以彼得也喜欢吃牡蛎。我们可以轻而易举地指出这个推论是不成立的。

我们还可以换一种方式来进行推导。

我迄今为止见过的所有液体（水、泥浆、牛奶、尿）都可以扑灭火焰。这可能是因为它们的液体本质阻止了空气和火焰的接触。

汽油是一种新的液体（我以前没有见过），因此假设它也可以灭火，这个假设可能是合理的。

以上这一推导看起来非常有效。只有当我对汽油具有经验或知识以后，才能得出不一样的结论。

## 小结

真理对思考来说非常重要。真理分为既定体制（游戏）内的真理，和关于周围世界的真理。在批判性思维中，我们应该提问：

这是真的吗？

我们尝试着确定真理的实用程度。

我们运用逻辑从已知的真理推导出进一步的真理。我们应该提出另外一个问题来检验这个被逻辑推导出来的真理：

从我们的已知必然会推导出这个结论吗？

## 真理、逻辑和批判性思维的练习 ///////////////////////////////////////////

1. "如果我把我获得的所有分一半给你，那么你就必须把你获得的所有分一半给我，这样才算公平。"这合乎逻辑吗？这个结论是必然的吗？

2. 我们知道爱伦很懒，所以我们必须给她更多的工作让她更努力一些。请对这个说法进行批判性的思考。

3. 我的敌人的敌人就是我的朋友。这是必然的吗？

4. 评价以下声明的真实度：

• 黄色的汽车较少发生车祸。

• 红色的汽车很难在夜间被看见。

• 男人开车比女人开得好。

• 独自开车的女人总是开得最快。

• 男人引起更多的交通事故。

• 不论喝多少，喝酒总是对开车有害。

• 开车开得慢的人可能引起车祸。

• 车子前面的乘客座位是最危险的。

• 湿的路面对轮胎有更大的阻力。

• 只有当年轻人骑摩托车的时候，摩托车才会变得危险。

5. 一个办公室计算出每寄一封信就要花费 20 英镑的成本（信所占空间、所花费的秘书时间、邮资，等等）。为了削减成本，他们决定少寄一些信。这合乎逻辑吗？

6. 这些鞋更贵，所以它们的品质更好。如果它们的品质不是更好，那就没有人买它们，而制造商就要关门大吉了。这个结论是必然的吗？

7. "在你做饭时，你可以决定你想吃什么。"请对这一说法做批判性思考。

8. 在一家食品店，被偷窃的食品占营业额的 3%，利润则是营业额的 2%。可以得出这家食品店必然关门的结论吗？

# 在什么情况下？

"这个温度计一定是出毛病了，它指示的温度才 96 度，但是水明明看起来都沸腾了，难道正确的温度不应该是 100 度吗？"

每个人都知道水在 100 摄氏度（212 华氏度）的时候就会沸腾。这对吗？错了，水只有在标准大气条件下海平面的气压中才会在 100 摄氏度的时候沸腾。当你往上攀登的时候，气压也在不断降低，水就会在更低的温度沸腾。因此，关于水在 100 摄氏度沸腾的科学真理只有在特定情况下才成立。

有一次，我在保加利亚普罗夫迪夫市做演讲，坐在我前面第一排的一个年轻心理学家对我说的任何话都用力地摇着头。我对此感到不安，演讲结束后，我问她为什么如此强烈地反对我所说的一切。结果她告诉我，在保加利亚，将头用力地从一边摆到另一边，这表示完全赞同。

每个人都知道奶牛不是神圣的动物，但是在印度教和印度文化里，奶牛被看得非常神圣，如果一头奶牛悠闲地坐到了一条繁忙马路的正中间，所有的车辆都会绕开它行驶。

牛奶对人体是有益的，因此在越战中，救援组织曾经向饥饿的越南小孩提供牛奶，结果，这些小孩都腹泻了。有些人（尤其是东南亚的人）不具有相应的酶——乳糖分解酵素——来消化牛奶。

盐是好的，盐使食物更美味，人体也需要盐，但是洒太多的盐就会让食物变得很难吃。

在以上所有这些例子中，一些看起来明显正确的事情只有在特定的情况下才成立。

化学这一科学就非常讲究条件和环境，只有在适宜的温度、压力或者催化剂的条件下，物质才会相互作用。

你可能争辩说，当我们在讲话和思考的时候，我们自然都把正常的文化和条件作为潜在的假设，只有在特定的情况下，我们所说和所想的才不正确。但是正好相反，无论何时我们宣称任何一个真理时，都必须指出在什么样的特定情况下这一真理才成立。

也许在争论或讨论中，最常见的错误就是没能指出这一特定的条件或情况。如果考虑到各自不同的情况，争辩双方其实常常都是正确的。

那么，这意味着所有的真理都是相对的吗？不是，有些真理是相对的，而有些真理是绝对的（比如，所有的人都需要氧气，所有的人都具有某些基本人权）。问题只在于我们必须慎用"所有的"和"总是"这一类词，这些词是我们日常逻辑的基础。我们可以说"大体上"而不是"总是"，如果我们想说"总是"的话，就得定义出具体的情况。

大部分的一般性概括都有例外，我不是要指出这些例外，而是要指出真理只在一定的情况下成立，而不一定在另外的情况下成立。

## 思考习惯

我们必须养成提出以下重要问题的习惯：

在什么情况下这是真的（或者它适用于什么情况）？

**情况的练习** //////////////////////////////////////////////////////////////////////////

1. 在什么情况下，以下每一个事物是分别有用的？你能想出在什么情况下有两种或更多的事物是有用的吗？

一根绳子

一个气球

一个打火机

一个桶

一个冰淇淋

2. 以下这些声明总是真的，还是只在一定情况下才是真的？

冰山是危险的。

湿的手是危险的。

心不在焉地开车是危险的。

减肥是危险的。

刀是危险的。

游泳池是危险的。

3. 以下哪些事物在适量的时候是好的，但在你拥有过多的时候是不好的？

食物　　钱　　练习　　知识　　诚实　　睡眠　　电视

4. 邻居家的看门狗咬伤了一个男孩。邻居坚持说这只狗平时很安静，一定是男孩激怒了它，男孩的父母则坚持说狗是危险的，必须把它送走。你认为呢？

5. 总体来说，你认为人类表现得好还是坏？举出在什么情况下你认为人类表现得好，在什么情况下你认为人类表现得坏。

6. 火是危险的还是有用的？

# 假设、猜测和激发

对于任何一种改进、变化、科学和创造性思考来说，假设、猜测和激发都是非常重要的思考技巧。但不幸的是，传统的思考方法忽略了这些重要的技巧。

为什么小猫喜欢玩耍？也许是为了试一试新的行为模式、捕猎或防御，也许是由于精力过剩而想找乐子。

为什么人类喜欢玩耍？是为了乐趣和娱乐，也是为了试验新的事物。

假设、猜测和激发促使我们的大脑进行一种嬉戏。我们试验新的事物，我们执行"思考实验"，爱因斯坦不就是由此产生出强大创意的吗？

- "也许我们可以培养出新品种的小奶牛——和狗一样小。"
- "假设我们可以使用某种生长激素让奶牛成长得更快。"
- "我们可以往奶牛的消化系统里加入更多的微生物，从而让草更彻底地转化成蛋白质，这个主意怎么样？"
- "有没有办法让家庭垃圾转化成可以喂养牲畜的饲料？"
- "PO 奶牛会飞。"（PO 是一个新词，是水平思考中有意识用来作为激发的一个工具，本书后面会专门介绍。）

以上所有这些都是假设和猜测的例子。

## 往前跳

在正常的思考中，你一般是先提出理由，再提出结论。

当我们在逻辑思考中"前进"时，是从现在的位置移动到下一个位置："这是从上一步推导出来的下一步。"这就是通常的逻辑推演。如下页图所示，我们从 A 点移动到 B 点，再移动到 C 点。我们在任何时刻所处的位置都取决于我们在前一刻所处的位置，每一个新的位置都有逻辑支持。

但是，还有一种在思考中"前进"的方式，这个方式就是"往前跳"。

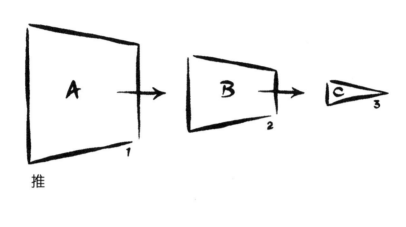

推

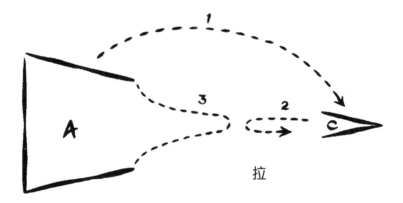

拉

如上页图所示，我们从 A 点直接跳到 C 点，一旦到达 C 点，我们可以从 A 点向前"拉出"下一步。

这里的区别在于"推"和"拉"。在"推"的思考中，我们从现在的位置推出下一个位置，就像铲冰人做的那样。在"拉"的思考中，我们向前跳，然后看看能不能找到一条穿过冰的路。

在"推"的思考中，我们说：

"情况就是这样，它导致的结果就是……"

在"拉"的思考中，我们说：

"情况可能是这样，如果我们跳过这一情况，结果可能是……"

通常的逻辑思考要求每一步向前的推导都必须有充分的理由，但当我们运用猜测和假设来向前跳的时候，却不需要为每一步提供理由。在运用激发时，你也不必为你所说的一切提供任何理由（说出理由即意味着为激发提供合理性）。

## 猜测的层次

在进行猜测的时候，我们可以运用很多不同的表达：

- 也许
- 假设
- 可能
- 兴许
- 如果……会……
- PO

确定性的层次既包括逻辑思考中的充分肯定，也包括水平思考中的有意识激发，等等。

**确定**：这是良好的逻辑推导的结果。

**比较确定**：不是绝对肯定，但是很有可能，这只需要进行最后的确认即可。它也适用于对未来很难有绝对把握的情况。

**可靠的猜测**：我们知道它是一个猜测，但是它是一个很好的猜测，也是最可靠的猜测。

**可能**：这只是一种可能性，虽然没有证据支持，但是具有这种可能。有的时候，它只是一种单纯的可能。

**试验**：这是"试飞的风筝"，它意味着把一个看起来不太合理的东西进行试验，看看有什么效果。

**激发**：运用激发不需要考虑任何合理性或可能性，激发是用来帮助我们摆脱常规思维的。可以用"PO"这个词来表示激发，例如，"PO，汽车的轮子应该是方的。"

## 行动和变化

医生必须采取实际行动，然而，他们很少具备所需要的全部信息，因为检查设备是不齐全的，而且我们对人体的知识也是有限的。因此，医生采取的行动以合理的措施和最好的猜测为基础。

在很多现实的情况中，行动都不是基于完全的确定性，而是基于合理的猜测。但是，这不是我在这里考虑的猜测类型。

在这里，我把猜测作为改进或改变主意、产生新的创意和促进创造力的一种强有力的工具。

## 创造性的态度

在争论和大部分思考中，我们都想确认自己的已知。而创造性的态度则要求我们继续前进寻求新的事物。

猜测为我们打开了新的可能性，然后我们去寻求这些新的可能性。

猜测为我们设立了新的框架，使我们用新的方式看待证据。

猜测和激发使我们发展出有意识的创造性思考工具，从而能够跳脱传统的思维模式。

没有大胆的假设和猜测，我们只能按部就班地发展和完善一个主意，但是可能与新创意无缘相见。

创造性的态度意味着敢于冒险和尝试。

## 科学思考

传统的科学方法是搜集和分析证据，经过分析，我们得出最合理的假设，然后再检验这些假设。在理论上，我们应该努力证明这些假设是错误的，但在实践中，很多科学家却努力证明这些假设是正确的。

科学训练的大部分重点都集中在搜集和分析数据，因为人们已经认定，分析数据会得出最合理的假设。今天，很多人已经对这一看法提出了严重的质疑。

分析数据能够产生出新的创意，或者使我们确定既有的主意吗？实际上，大脑作为自我组织的系统，它只会看见它准备看到的。因此，我们实际拥有的只不过是一堆既定的假设，通过这些假设来检验数据丝毫不能产生出真正的新创意。

这就是需要长年累月才能发生一次科学突破（以及"范式转换"）的原因。局限于旧观念来看待数据，只能让我们在迈向新创意的道路上步履迟缓。

仅有数据分析是不够的，我们还需要创造力来猜测和运用激发性假设。如果科学家们能够掌握这些技巧，科学应该会发展得更加迅速。

新的假设或激发性的主意为我们提供了一个平台，在这个平台上，我们重新识别信息，并进一步寻获新的信息。

这些新的假设不一定非要是"最合理"的，它们可以纯粹是一种猜测和激发。

## 商业思考

新的开端，新的冒险，新的事业，这些都需要进行猜测性思考。猜测意味着把主意放到一起，然后通过搜集信息和市场分析来检验它们。猜测存在一定的风险，但即便如此，企业家们仍然坚信自己在逻辑上是正确的。

在开发新产品或者制定新战略的时候，我们总会进行猜测性思考："如果……会……"竞争对手的反应也属于我们要猜测的范围。

由于商业关系到行动和未来，所以商业思考总是需要进行猜测。我们应该减少猜测还是增加猜测呢？这两者都必须同时做到。我们通过搜集信息、实施监控、战略准备来减少猜测，同时对新的冒险、新的方向和新的方法又增加猜测。

## 小结

在我们的大部分思考中，我们按部就班、有理有据地从现在的位置移动到下一个位置。但通过假设、猜测和激发，我们可以跳跃前进，并且不必为每一步寻找理由支持。我们既可以运用合理的猜测，也可以运用毫无根据的激发。

假设、猜测和激发的价值就在于允许我们的大脑嬉戏，允许我们试验新的创意、用新的视角来看待事物。任何一个自我组织的系统（比如大脑），都对这种行为有着深切的需要。

## 假设、猜测和激发的练习 ////////////////////////////////////////////////

1. 为什么老鼠都有尾巴？请提出两个不同的假设。

2. 你们全家都外出度周末了，当你们回家时，闻到厨房里散发出难闻的气味。你认为这是什么原因？

3. 在很多神话故事里，主人公由于帮助瓶子里的神灵获得了自由，所以可以许下三个愿望。假设你就是主人公，你会许下哪三个愿望？如果每个愿望都可以实现，会发生什么？

4. 经理发现一向在早上准时上班的助手开始迟到了，对此可能有哪些解释？请举出两个合理的解释。再举出两个具有可能性但不大可能发生的解释。

5. 你认识的一个人总是很邋遢懒惰，但突然间，这个人开始穿戴整洁，并勤奋工作起来。猜一猜发生了什么事情？

6. 一家企业的经理发现，他的主要竞争对手似乎总是提前知道本企业会采取什么行动。他怀疑本企业的信息被泄露了出去。情况如下：

- 一个高级助手三个月前离职了。
- 经过朋友介绍，另外找了一个人来代替那个助手。
- 向新助手提供些误导的信息，但竞争对手没有反应。
- 离职的那个助手在另一个城市工作。

你认为究竟发生了什么？

7. 你认为人们为什么喜欢争论？请试着提出三个不同的假设。

8. 如果奶牛的体型变得很小，将会发生什么？

# 水平思考

创造力只是少部分人拥有的神秘天赋吗？

创造性思考是一种思考技巧，因此每个人都可以学习和培养吗？

**创造：**英语中的"创造性"一词意指制造或催生某种事物。被制造出来的事物是新的，因为以前并没有这样的事物。但这个含义可能不包括新的创意，所以我宁愿把这称为"建设性"思考。

**艺术：**"创造性"一词很宽泛，它包含了艺术领域，因为在艺术中，新事物被创造出来。艺术涉及表达力、情感共鸣以及其他很多因素。有些艺术家（音乐、设计、建筑、戏剧等领域的）告诉我，他们也在使用我的方法，但是，我在这里并不谈及艺术领域内的创造力。

**天才：**我不能确保每个人都是天才。创造力的天才水平的确依赖于特殊的能力（比如想象力），但无论如何，很多天才都运用了和水平思考相关的方法。例如，爱因斯坦有名的"思考实验"就是运用激发的典型例子。

**改变想法和感知：**我特别关注改变想法和感知的能力，这正是水平思考的目的所在。

如果水平思考真的是一种技巧，那么每个人都可以掌握一些水平思考的技巧，只要他或她肯努力的话。

和其他技巧一样，有些人会比其他人更娴熟地运用技巧。

多年以来，很多本来就具有创造天赋并且取得了巨大成就的人告诉我，他们从也水平思考的技巧中受益匪浅。

## 原创

我于1967年发明了"水平思考"一词，这个词现在已经正式成为了英语的一部分，并被收录在《牛津英语词典》里。

一次又一次，人们运用水平思考获得了新的感知和创意。一次又一次，偶然的事件和经验引发出人们崭新的创意。

我的贡献就在于认识到水平思考是所有思维方式中很有效、很有价值的一种，我把它正式地展现出来，并设计了一系列能够被有意识使用的技巧。当然，最重要的是，我把水平思考与自我组织的信息系统联系了起来。如果我们认识了自我组织信息系统的行为，就会发现大脑对水平思考有着逻辑性和数学性的需要，水平思考并不是一种奢侈品。

## 运用水平思考

任何进行思考的人都需要掌握一些水平思考的技巧，并不是只有建筑家、广告人、新产品开发者和发明家才需要水平思考。

所有的思考都是感知和逻辑的结合，水平思考是感知性思考的根本。

## 定义

对水平思考有不同层次的定义。

"一个洞挖得再深也不会得到两个洞。"

加倍努力地开发同一个主意、使用同一个方法，这不一定能解决问题。你可以"水平地"移动，试试新的主意和新的方法。

"水平思考帮助我们摆脱既定的观念和感知，从而获得新的创意。"

我们既定的观念已经被特定的经验固定下来。我们倾向于捍卫这些既定的观念，并通过既定的感知来看待世界。水平思考是一种帮助我们摆脱既定观念和感知，从而发现更好的观念和感知的方法。

"一个自我组织的信息系统使输入的信息自动形成相应的模式，这些模式是非对称的。我们需要借助某种方法来找到捷径，以求穿越这些模式，水平思考就提供了这样的方法。"

显然，这是一个技术性的定义，不理解自我组织信息系统是怎么回事的人很难理解这个定义。这个关于水平思考的技术性定义表明，水平思考并不只是一个形象描述思考类型的术语，它是以自我组织信息系统的行为为基础的。

## 一般的和特定的

"水平思考"的特定含义包括使用特定的技巧来帮助我们创造出新的观念和感知，这与创造性思考直接相关。

"水平思考"的一般含义包括考察和发展新的感知（而不是致力于既定的感知）。在这个意义上，水平思考与感知性思考密切相关。很多指引注意力的工具（CAF、OPV、C&S）都属于水平思考中的一般性考察。

在这一部分，我着重介绍水平思考的创造方面，这涉及激发等思考技巧和新单词"PO"的使用。

## 模式

作为自我组织的系统，大脑使输入的信息自动组织成相应模式。对此感兴趣的读者可以进一步阅读我的《大脑的机制》一书，以及《我对你错》一书。

大脑这种创造模式的行为是最有用的，没有这些既定的常规模式，我们的生活就会变得困难重重。这就像一个生下来就看不见的人不能看见任何景物，只有当那些我们视为理所当然的模式被建立起来以后才能看见一样。

阅读、写作、谈话、穿越马路、认出朋友、辨认食物，这些事情之所以成为可能，全是因为我们的大脑有着卓越的模式创造能力。

因此，我们应该对大脑这种卓越的模式创造能力充满感激。

但是，这些模式都是非对称的。如下页图所示，大脑中还存在一些支流模式。当我们沿着主干道前进时，几乎没有意识到主干道旁边还有小道。但是，如果我们切入到旁边的小道，就会发现回到第一点的路径是非常直接和显而易见的。换句话说，沿着主干道从 A 点到 B 点要绕一个弯儿，但从 B 点回到 A 点的路径却是直接的，这就是我所说的"非对称"的含义，这是所有模式系统的性质，它们并不神秘。

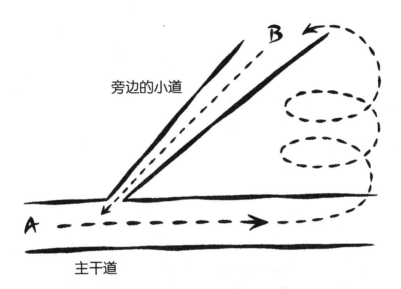

旁边的小道

主干道

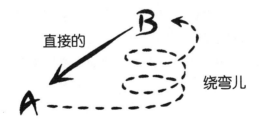

直接的

绕弯儿

## 幽默

幽默是水平思考的一种杰出模式。当我们在听一个笑话的时候，我们的思维沿着主干道行进，突然，讲笑话的人带领我们切入到了旁边的小道。在小道上，我们可以看到把所在位置与起点联系起来的"逻辑"（如下页图所示）。对于情感、偏见和时事问题，这种感知的突然转换会更加强有力。我们接受幽默中的逻辑，就像接受诗歌中不同寻常的语法一样。

假如在未来有一天，大脑移植已成为可能。一个经理正在为车祸受伤的总裁安排大脑移植。有好几个大脑供他选择，其中有一个大脑比其他大脑的价格贵五倍。经理问为什么这个大脑的价格如此之高，医生回答道："这是一个非常特殊的大脑，你看，它还从来没被使用过呢。"

这里的逻辑是：没有被用过的新车比二手车贵，但是没有被用过的大脑却没多大用处。一般在讲这个笑话的时候，都会把这个没被用过的大脑说成是属于某个政治家或特殊团体的。

## 后见之明

在水平思考中，我们发展出有意识使用的技巧，来帮助我们切入旁边的小道，这些技巧将在接下来的几页加以介绍。一旦我们切入旁边的小道，那么，就像在幽默中那样，回到起点的路径就显而易见了，这就是为什么卓越的创意在事后看起来也符合逻辑的原因。正是出于这种后见之明，我们曾经认为没有必要进行创造性思考，因为运用更好的逻辑也可以达到同样的创意。但是在模式系统中，事实并非如此。要是这种说法成立的话，那就只有傻瓜才能具有幽默感了。

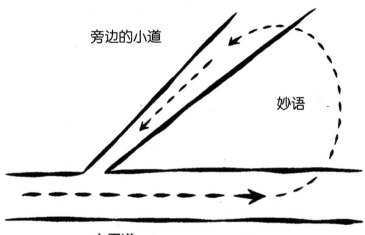

# 激发和 PO

现在我们进行到水平思考的特定技巧。思考者如果想产生新的创意，就可以使用这些技巧。

- **"PO 奶牛会飞。"**
- **"PO 汽车的轮子是方形的。"**

以上两个声明都完全不合常理，它们与事实和经验都相违背，那我们为什么要做出这些荒唐的声明呢？

激发超越了一般的假设和猜测。在假设和猜测中，我们只是提出还未被证明的事物，而运用激发的时候，则不必假装所说的事情可能是真的。

由于我们提出的说法不必是真的，所以得有一个标志让听者明白我们所说的只是一种激发，不然的话，听者就会以为我们一定是疯了。我们得为激发找一个标志性的词语，但是常规的语言中没有这样的词语，"假如""如果"这类词语太弱，因为它们也可以用来表示有可能为真的猜测。因此，几年前我发明了一个新的单词"PO"。

单词"PO"的意思是：接下来所说的是一种激发。"P"和"O"代表激发性（provocative）的操作（operation）。

由于模式系统是不对称的，我们需要找到方法从主干道切入到旁边的小道。在幽默中，妙语就起到了这样的作用。在水平思考中，我们则运用激发，我们把激发作为踏脚石（如下页图所示）。

第一步是设立激发，接着，我们从主干道移动到激发中，这使我们摆脱了主干道。然后，我们再从激发切入到旁边小道上。一旦到达了那里，我们就有了从事后看起来也完全合理的新创意，而我们忘了这个创意当初是怎么来的。

水平思考的好处从来不是根据它的进行方式来衡量（这一进行方式与常规逻辑相反），而是根据它产生的创意的价值来衡量。

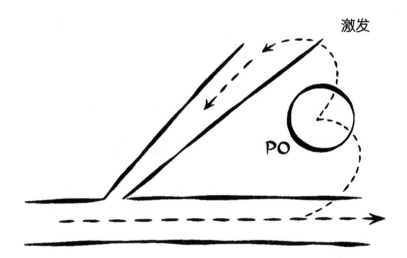

激发

PO

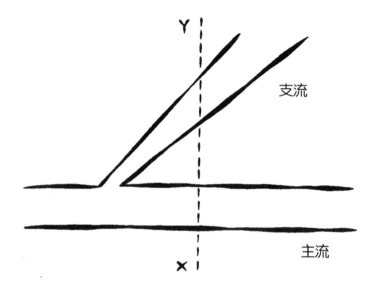

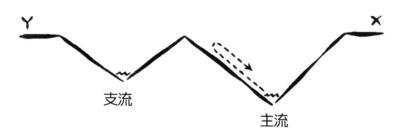

如果我们在 X 点和 Y 点之间取一个代表性的模式（如上页图所示），我们就看到两条河流并列的图形。要游出主要的河流很困难，因为我们一直在逆流而上。同样的道理，要从思维的主干道摆脱出来也不容易，只有对习以为常的思考和经验反其道而行之才能摆脱，这就是必须使用激发的原因。一旦我们游到了"波峰"的顶端，就会发现自己正滑向新的河流。

这就说明，激发必须要有激发性，否则我们就没法从思维的主干道上跳脱出来。

## 移动

一旦设立了激发，我们该做什么？我们"移动"到新的主意。"移动"这一操作与判断十分不同，在之后的内容中，我会解释"移动"这一操作。激发和移动总是相伴相随的。

我们能从"PO 奶牛会飞"这个激发中得到什么呢？在我们的想象中，浮现出飞翔着的奶牛的画面。会发生什么？奶牛会做什么？也许奶牛会飞到树上。从这一点，我们开始浮想联翩地得出创意：飞到树上的奶牛会开始吃树叶，也许我们可以用树叶来喂奶牛；草只生长在地面上，而树叶可以生长在空中，也许我们可以找到快速生长的树，用它们茂密的树叶来喂养奶牛，树叶富含蛋白质；在空间有限的情况下，与传统的在草地上放牧奶牛的方法相比，以树叶作为饲料可以使每英亩饲养更多的奶牛。这个方法也许行不通，但这是一个新的创意。

我们能从"PO 汽车的轮子是方形的"这个激发中得到什么呢？我们想象着汽车往前行进。轮子转动到方形的角时，汽车就会被升高，显得非常颠簸，但是这种颠簸是有规律的，而且我们知道汽车会升起来多高。因此，如果把汽车被升起来的时间缩短，就可以弥补颠簸带来的不适了。这个想法使我们想到设计一种专门在凹凸不平的路面上开的汽车。例如，小的汽车前轮探测出路面的凹凸程度以后，悬架就升起或降低车轴以缓冲颠簸。结果，汽车就会开得比较平顺而不是颠簸了。这是我在 1975 年提出的一个设想，现在已经有好几家汽车公司在研制"智能"悬架，其原理和以上所说的完全一样。

## 设立激发

激发从哪里来？你怎样设立你自己的激发？

**偶得**：你听到或读到一个很蠢的说法，这个说法不是被当作激发提出来的，它可能是作为一个严肃的意见或纯粹是为了搞笑而提出来的。对此，你可以听过之后就忘了，也可以把它作为一个激发。雷达就是这样被发明出来的，有人开玩笑说用无线电波来击落飞机。这个主意看似疯狂（因为无线电波很低），但有人却从中想到了用它来"侦测"飞机。

因此，你可以把任何听到、读到的事情当作激发。

**反向**：你把常规的做事方式有意识地反转过来。我们一般尽量把轮子做得很圆，那么何不把轮子变得"不圆"甚至是方形？你通常是付钱购物，那么何不让商店向购物者付钱？这会导致我们想到优惠券一类的主意。什么是常规的思考方向？把它反向过来（反方向）是什么？

**摆脱**：对于我们通常视为理所当然的某些特征（这些特征不能是否定性的特征），我们有意识地跳过它或者去除掉它。例如，我们想当然地认为看门狗会叫。我们摆脱这个特征，于是得到："PO 看门狗不会叫。"这引发我们想到一种高智能的不会叫的小型看门狗。一旦有情况时，这只狗就会根据以往的训练迅速跑到角落里按一个按钮，这个按钮会启动警报系统或安全系统。这个激发还可以使我们想到设计一种包含了很多狗叫声的录音机。

**许愿**：这种愿望不是那种温和的愿望（比如，减少 10％的成本），而是一种幻想。你可以说："如果……那不是很好吗？"如果污染厂商本身就处在河流下游，那不是很好吗？这个激发使我们想到立法规定厂商用水只能从下游取水，于是，厂商就成为第一个品尝自己污染苦果的人。

**疯狂**：各种各样的疯狂主意都可以作为激发。PO 汽车是用意大利面条做的。PO 早餐麦片应该生长在盒子里。PO 每个人每天都对政府决策进行投票。最后这个激发使我们想到每天早上 10 点，如果家庭主妇不同意宣布的某项政策，她就可以打开用电开关。整个城市此时的用电量可以立即被测量出来，从而形成了一个整体投票结果。如果你同意某项政策，那就在另外的时候打开用电开关。

通常来说，人们不敢大胆设立激发，然而，"PO"这个单词可以给你提供保护，"PO"表明你提出的只是一个激发。你能不能用这个激发并不重要。也许你设立了好的激发，一开始你只能利用它的一半，但随着你越来越熟练地"移动"，你就能越来越充分地利用激发。保守胆怯的激发是没有用处的。

你可以说："这是我的激发。"接着你努力利用激发。这个操作包含了两个步骤。在设立激发的时候不要考虑怎么去用它。

## 小结

在任何一个自我组织系统中，都需要进行水平思考来获取新的创意。我们使用新单词"PO"来表示提供了一个激发。我们建议了五种方式来设立激发：偶得、反向、摆脱、许愿、疯狂。不要害羞胆怯，要大胆提出激发：激发必须具有激发性。一旦你有了激发，你就从那个激发"移动"到新的创意。

## 激发和 PO 的练习 ////////////////////////////////////////////////////////

1. 以下哪个声明是真正的激发？在哪个声明前你应该加上"PO"？

• 飞机在着陆的时候应该将机身和机尾颠倒过来。
• 汉堡包可以是方形的。
• 五小时的睡眠已经足够了。
• 更多的妇女应该参政。
• 人们应该根据自己的体重纳税。

2. 为以下每个事物设立一个"摆脱"型激发。挑出一些你认为理所当然的特征，然后取消或改变这个特征。

自行车，图书馆，电梯，生日，房子，网球运动

3. 为以下每个事物设立一个"反向"型激发。找出常规的行动方向，然后反转这个方向。

为慈善事业募款，选择职业，友谊，看电视，除草

4. 以下哪一个看起来最具"激发性"？根据激发程度，从大到小将它们排列出来。

• PO 父母应该在外出前征得孩子的同意。
• PO 每个工人每天自己决定工作多长时间。
• PO 必需的食品应该降价。
• PO 傻瓜应该纳税更少。
• PO 汽车应该没有方向盘。
• PO 所有的汽车都应该被漆成黄色。

5. 为以下每个事物设立一个"许愿"型激发，请使用这个句式："如果……不是很好吗？"

学校，父母，衣服，睡觉，运动

6. 为以下每个事物设立一个"疯狂"型激发，这个激发必须是疯狂的。

电话，人的头发

# 移 动

如果我们不能利用激发，那么激发就是没有用的。我们通过"移动"从激发进入到新的创意，激发和移动是两个相伴相随的步骤。

最重要的事是记住"移动"和判断不同。很多传统的创造性思考有"延迟判断"或"把判断放在一边"等方法，但这些方法的效果较弱。光是拒绝判断并不能指出思考者该做什么。"移动"是一个我们可以有意识进行的行动操作，我们把这一操作练习得越多，技巧也就越熟练。最后，我们可以达到对任何一个激发都能进行"移动"的境界。

下页的图展示了判断和移动的区别。在判断（黑色思考帽思考）时，我们把面前的事物和我们的已知进行比较。如果面前的事物是错的，我们就否定它。在"移动"时，我们则不去判断事物的真假对错，而是看着面前的事物（通常是一个激发），然后努力思考怎样从它移动到一个有用的新创意。

在现实生活中，真正用到"移动"的地方只有诗歌和比喻。在诗歌和比喻中，我们不会停下来说："这是真的吗？"而是向前移动看看这个比喻和诗歌能把我们带到什么意境。

有人教你打扑克牌，你变得很擅长打扑克牌。于是，又有人教你打另外一种牌，比如桥牌，你也变得擅长打桥牌。但是，当你打扑克牌的时候，你运用的是扑克牌的规则，当你打桥牌的时候，你运用的是桥牌的规则。你不会把这两种规则搞混，你会区分它们。你打扑克牌是个高手，打桥牌也是个高手。

判断和移动也是同样的道理，它们是两个不同的游戏。当你进行判断时，你运用判断的技巧（黑色思考帽）；当你进行移动时，你运用移动的技巧（绿色思考帽）。如果把两种技巧混淆起来，你就会搞得一团糟。当要用锤子的时候，木匠用的就是锤子。要用锯子的时候，木匠用的就是锯子。

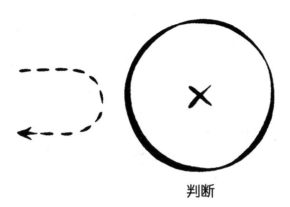

判断

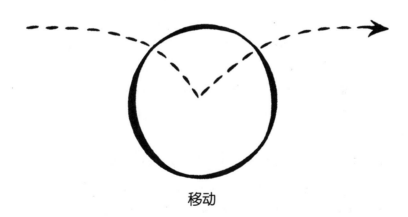

移动

## 移动的方法

移动的方法有很多。这里给出了一些方法。这些方法可以反复练习，直到成功地掌握移动技巧为止。没有这些技巧，水平思考就不可能是有效的。设立激发并不难，难的是从激发转向移动。

**抱有态度**：对"移动"有一般性的态度，我们努力从激发开始移动。这将我们引向何处？这给了我们什么启发？有趣的地方在哪里？

**时刻观察**：这也许是移动的最有效方法。我们想象出激发的生动画面，不管这个激发看起来有多荒谬。我们想象奶牛在飞，想象有方形轮子的汽车在行驶，想象飞机颠倒着着陆。当我们想象这些画面的时候，要注意观察画面中每时每刻发生的事情，这和观察事件的最终结果是完全不一样的。最终的结果会是：有方形轮子的汽车会颠簸得散了架，颠倒着着陆的飞机会坠毁。只有对画面中所发生事件每时每刻的观察才能激发我们产生新的创意。

**提取规则**：我们能从激发中挑拣或抽取出一个规则，并利用这个规则来产生创意吗？在寻找一个广告媒介时，我们可能说："PO，我们应该试试用那些在城市里走街串巷的叫卖者。"从这个激发中，我们找到一个有趣的规则：你不能把城市叫卖声"关掉"。于是，我们寻找一种不能被关掉的广告媒介，我们想到了广告电话。如果你不想为电话付费，你可以按一个特殊的按钮，从而可以免费打电话，但是在电话中间会打断你和对方的谈话以插入广告信息。除了抽取出规则以外，我们还可以从激发中抽取出某个关键特征或特殊方面，这些会成为使我们萌发创意的"种子"。

**关注差异**：这和我们平常所知的有什么不同？不同点有哪些？通过集中关注不同点，我们可以移动到新的创意。颠倒着着陆的飞机和正常着陆的飞机的不同是：在颠倒时，机翼是朝下的。这使我们想到了"正面"着陆。从这个想法中，我们又得到一些有用的主意，比如取消负偏压以便在紧急情况下获得更多的提升效果。

关注差异十分重要，尤其是当思考者提出的创意被评价为"这和……是一样的"的时候，这种评价通常是扼杀创意的最大杀手。你提出一个创意，然后就有人用这种评价来否定你的创意。这种评价之所以如此强大，是因为它并没有攻击创意本身，而是简单地指出你的创意并不新鲜，不值得关注。反驳这种评价的唯一办法，就是说："它看起来也许和……一样，但是让我们集中关注不同点……"然后，你再列举出这些不同点。

　　**寻找价值：**这个激发有什么价值吗？有哪些实用的积极面吗？在什么样的特定情况下，这个激发具有实用的价值？"PO 有上进心的员工应该穿上黄色的衬衫或上衣。"这个激发可以引发出好几个有趣的主意。例如，在服务业，顾客总是会挑选穿黄色衬衫或上衣的服务员来为自己服务。

　　我们越是能够敏锐地发现价值，就越是能够发现几乎所有事物（包括激发）的价值。一旦我们发现到一个价值，我们就加强它，完善它，使之变得有用。一只狗嗅到一股淡淡的气味，这个气味越来越浓烈，最后，这只狗找到了气味的来源。同样，我们嗅出价值所在，我们追踪这个价值，把它完善强大，直到引发出新的创意。

　　**兴趣点：**这个激发的兴趣点是什么？兴趣点分为很多种，比如，有趣的不同点，有趣的原则，等等。兴趣点是本书前面介绍过的指引注意力工具之一 PMI 的一部分。具有创造性的人会注意和寻找兴趣点，你也可以努力找出兴趣点。

## 小结

　　"移动"是有意识进行的积极操作，它和判断完全不同。我们通过移动从激发中获得新的创意。移动和激发是联合使用的寻找创意的方法。移动的方法有：抱有态度，时刻观察，提取规则，关注差异，寻找价值，以及兴趣点。第一步是设立激发，第二步是通过移动来利用激发。

## 移动的练习 ///////////////////////////////////////////////////////////////////////

1. 运用"时刻观察"这一方法对下面的激发进行"移动"：

**•PO 每个人自行决定自己每天工作多长时间。**

2. 运用"提取规则"的方法来对下面的激发进行"移动"：

**•PO 每一台电视机都应该在屏幕一角显示出该机在本周内已经使用了多少个小时（从星期日的午夜开始算起）。**

3. 运用"关注差异"的方法来对下面的激发进行"移动"：

**•PO 每个人不再负责清理自己的房间，而是负责清理别人的房间。**

4. 运用"寻找价值"的方法来对下面的激发进行"移动"：

**•PO 每个人每年应该庆祝两次生日，一次是你真正的生日，另一次是由你自选日期的"正式生日"。**

5. 你想对餐馆提出新的创意。设立一个激发（使用"摆脱"法），然后对这个激发进行"移动"（运用"兴趣点"的方法）。

6. 你加入了鼓励全民多做体育运动的行列，你需要创意来做广告。使用"反向"法来设立一个激发，然后用"提取规则"的方法来进行移动。

7. 逐一使用所有的移动方法，尽量对下面这个激发进行"移动"：

**•PO 不论何时，开车人的年龄都必须显示在所开汽车的后面。**

# 随机词

"随机词"是一个非常强大的水平思考法，而且它易学易用。它是所有思考技巧中最简单的一种，如今已被人们广泛用于新创意的产生（比如，开发新的产品）。早在很多年前，我就首次描述了这个技巧。

历史上的很多发明和创造都是经由偶然的发现和灵感得出来的（就像砸在牛顿脑袋上的苹果使牛顿发现了地心引力一样）。偶然的事件怎么会具有创造性效果呢？

在下页图中，我们看见通常的非对称模式。如果我们从起点向前行进，就不能走到旁边的小道上，我们可以使用激发／移动方法来切入到小道上。但是，如果我们是从另一个点出发（如图中的 RW 处），我们就会和旁边的小道连接上，于是，回到原来起点的路径就非常直接、一目了然了。偶然性的事件就提供了类似于"RW"这样的点。一个偶然事件可以使我们从不同的点切入模式，这给了我们即刻的"洞见""直觉"，或者产生"有了！"的效果。据说，阿基米德在浴缸里玩肥皂泡（或其他东西）的时候，就突然想到了如何测试一顶王冠是不是真金制做的方法（通过测试王冠在水里和水外的重量来判定）。

我们需要守株待兔地苦等灵感的到来吗？我们需要坐在树下等待苹果砸在我们的脑袋上吗？我们可以这么做，但是我们也可以站起来摇苹果树。我们可以自己制造偶然事件，这就是水平思考中"随机词"这一技巧所做的。

## 随机词的获取

我们不能有意去选取词汇，因为有意选取的词汇只会和我们既定的观念相符（这也是我们有意选取词汇的潜在基础），所以，我们必须随意选取词汇，这正是把它称作"随机词"的原因。

你可以用一个袋子装满成千上万张纸片，每张纸片上都写着一个词语。你把手伸进袋子，然后随意抽取出一个词语。

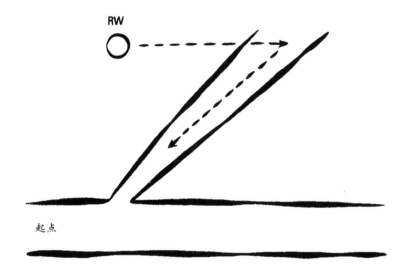

起点

　　你也可以想象一本词典的页码，比如第 87 页，然后，你想象那个词在那一页上面的位置，比如从上往下数第 6 个，接着，你打开词典，翻到相应的页码并找出第 6 个词汇，这也是你的随机词。如果你找到的这个词不是名词，你可以继续用同样的方法寻找，直到找到第一个名词为止。

　　你还可以闭上眼睛，用手指在报纸上随意移动。当你停止移动手指时，你就找出离你的手指最近的那个名词。

　　你可以有一张包含了 60 个词的列表（见下面的图表）。看一眼你的手表秒针正指向多少，假如它正指向第 27 秒，那么你就从列表中找出第 27 个词。

　　使用名词比使用动词、形容词和副词要容易一些。如果你自行建立一个词语列表，你所列的词语应该是常见的，有很多联系、功能和特征的。尽量使用你获取到的第一个词，如果你不喜欢第一个词，而一次又一次地寻找其他的词，那么你就是在等待一个与你已有的主意相关的词汇出现，这样做毫无用处。因此，如果你遇到的第一个词不起作用，那么你就转而去使用其他的技巧，等过些时候再来使用"随机词"这个方法。

## 随机词列表

　　这张词汇列表没有什么特殊的。你可以轻而易举地创造你自己的列表。

| 马 | 气球 | 岩石 |
|---|---|---|
| 梳子 | 电话 | 山 |
| 蛇 | 铅笔 | 汽车 |
| 信 | 树 | 梯子 |
| 照相机（5） | 嘴巴（10） | 胶水（15） |
| | | |
| 大象 | 电视 | 猫 |
| 电梯 | 律师 | 收音机 |
| 书 | 蜜蜂 | 桌子 |
| 香烟 | 雨 | 心 |
| 旗帜（20） | 火（25） | 陷阱（30） |

| | | |
|---|---|---|
| 鸡蛋 | 浴室 | 钥匙 |
| 锤子 | 飞机 | 火柴棍 |
| 海绵 | 吉他 | 复印机 |
| 铃声 | 油漆 | 仙人掌 |
| 商店（35） | 地毯（40） | 监狱（45） |

| | | |
|---|---|---|
| 乌龟 | 歌声 | 花 |
| 奇观 | 钱 | 细绳 |
| 鞋子 | 小刀 | 擦子 |
| 鼻子 | 冰 | 枪 |
| 汉堡包（50） | 选票（55） | 大头针（60） |

## 为什么它有效

乍一看，这个技巧似乎有点荒唐，一个完全不相干的词汇怎么会帮助我们对某个特定的事物产生新的创意呢？

如果这个词汇真的是随机输入的，那么任何一个词汇都可以起这样的作用，这的确看起来不合逻辑。事实上，在消极的信息系统中，它是不合逻辑的、荒谬的；但在自我组织的信息系统中，这个技巧就很合理、很有意义。

你从家里出发，总是会选择你平常走的那条路，然而，如果你是从城市外围的某一处出发，那么你回家的路和你平时走的路不一样的可能性更大。换句话说，从外围进入到中心，和从中心走到外围，所采取的模式是不同的，这一点儿也不神秘。

我们的大脑非常擅长把随机输入的词与我们想要思考的事物联系起来。当然，这种联系偶尔会非常直接，以至于没法激发出新的创意。有的时候，随机输入的词也会把我们领回到原来就有的想法上面，使我们的思维停滞不前。

## 怎样使用这个技巧

我们需要对复印机做出一些新的创意。

手表上的秒针指向的是 49，所以第 49 个词是"鼻子"（根据上面的列表）。

我们说："复印机 PO 鼻子。"

鼻子可以用来闻气味。

气味有什么价值？（移动）

也许，可以让复印机在出不同毛病的时候发出不同的气味，因此，我们可以根据气味来判断复印机出了什么毛病。如果你的复印机出毛病了，你只需要闻一闻就明白了，因为气味会立刻告诉你它出了什么毛病。

有一群人请你为他们找一些乐子来做。

手表秒针指向的是 29，因此，第 29 个词是"心"。

你可能想到小小的红心这个符号现在常常被用来代表爱，比如"我'心'纽约"就代表"我爱纽约"。

于是，你可以要求这些人创造出其他的符号来代表不同的意思，比如"我恨纽约""我对纽约一无所知""我嘲笑纽约""我为纽约感到悲哀"，等等。

这个技巧非常简单。

我们根据随机词所提供的功能和联想来产生创意。

我们运用各种移动的方法。我们从词汇的各个方面引发出各种联想和比喻。

在将随机词和被思考事物建立联系的时候，不要采取太多的步骤，如果你的步骤太多，你就很可能回到原来的想法，而挖掘不出随机词的激发性价值了。

也不要把随机词的各个方面都列举出来，因为这样做很容易使你逐一寻找符合你既有观念的方面。实际上，只要想到随机词的某一个方面，然后尽力去从这个方面展开联想就够了。只有努力试过之后，你才能继续运用另一个方面。

## 小结

有的时候，创意是经由偶然事件被激发出来的。随机词这一水平思考的技巧就使这种情况成为可能，它也是我们可以有意识使用的一个思考工具。随机词（不是特意挑选的词）与我们的思考焦点产生联系，随机词所引发的想象、功能和概念都有利于催生出创意。这个方法的逻辑原理在于：在模式系统中，如果从外围进入到中心，你就可以得到与从中心到外围不相同的模式。

## 随机词的练习 /////////////////////////////////////////////////////////////////////

1. 房间里有桌子、椅子和床，但你想设计出一种从来没被使用过的新型家具。你将使用"随机词"这一技巧，随机输入的这个词是"蜜蜂"。家具 PO 蜜蜂。

2. 你需要写一篇短篇小说，但是你想不出什么情节。这个故事是关于什么的呢？你使用"随机词"的技巧来获取灵感。随机词是"锤子"。

3. 你将外出度假一周，但是你找不到人在这周内帮你照顾你的狗，你需要想些新办法来解决这个问题。你使用了"随机词"这一技巧，这个词是"照相机"。

4. 作为一家商店的经理，你想找办法鼓励你的店员对顾客更加礼貌周到一些。你绞尽了脑汁，最后使用了"随机词"这一技巧，这个词是"冰"。

5. 你总是用不上电话，因为你的妹妹（弟弟）总是在打电话。你怎样来解决这个问题？请使用词语"钥匙"来帮你找到灵感。

6. 城市里没有足够的空间来停车。你把这个问题分解成三个小问题，选出其中一个小问题，使用随机词"仙人掌"来找到一些解决办法。

问题1：鼓励人们不要开车进城。

问题2：想办法提供更多的停车场。

问题3：减少人们开车进城的需要。

7. 父母怎样控制那些从不听话的孩子？请找一个随机词，并用它来对这个问题提出一些建议。

8. 报纸 PO 气球。请提出一些新的创意。

# 第二次总结回顾

第一次总结回顾包含了很多特定的思考工具（PMI、OPV、六顶思考帽等等），这些工具可以单独使用，也可以联合使用。学习了这些工具并且能够熟练运用一部分工具的人会变成更好的思考者。运用所有这些工具的基础就是一个强有力的思考"操作"，这个操作就是"指引注意力"，它对于形成我们的感知非常关键，而感知对我们大部分的日常思考非常关键。

第二次总结回顾包含的工具较少，在这一部分，我们只着重一些基本的思考操作。我们需要理解这些思考操作中，有些思考操作是思考习惯的基础。很多时候，我们都在执行这些操作，但却从来没有仔细考虑过它们。本书这一部分为我们提供了考虑这些基本思考操作的机会。

## 真理和创造力

本书第三部分将真理和创造力做出了重要的区分。

真理主张："事情就是这样的。"

创造力则建议："事情有可能是这样的。"

思考的这两个方面都很重要，也都很必要。

有些时候，我们必须从真理出发，并且必须最终回到真理，所以真理是重要的。

但另一方面，没有创造力，我们就不会取得进步，也不会发展出更好的创意。

## 批判性思维

批判性思维旨在检查真理：这是真的吗？

"游戏真理"就是我们设立一种游戏或体系，然后判断正在进行的游戏是否符合游戏规则。数学就是一种"游戏真理"。

"事实真理"就是使我们所说的尽量符合周围世界的事实。真理有很多层次，有建立在我们自己经验基础上的真理，也有可以进行检验的真理，还有来自权威（科学、参考书等）的真理。

我们要养成总是向自己提出以下问题的思考习惯：

这里的真实情况是什么？

最重要的就是所宣称的真理的级别。所宣称的真理可以是绝对确定，也可以是一种可能性。但任何真理都需要经受挑战。

批判性思维的另一个功能就是检查被运用的逻辑。通过逻辑，我们从既有的真相推导出进一步的真相。

我们需要习惯性地提出以下问题：

可以推导出这个结果吗？（这符合逻辑吗？）

更重要的问题是：

这是必然结果吗？（这是绝对的逻辑吗？）

在逻辑争论中，人们常常宣称前面的步骤必然会得出某个结论，我们需要仔细地检查这个"必然"。很多时候，之所以被宣称为必然，只不过是因为思考者想不出其他的可能性罢了。如果你能想象出其他的可能性，所谓"必然"的结论也就自动瓦解了。

批判性思考（黑色思考帽）的最后结论可能是：

这是错的。

这是可疑的。

这还未得到证明。

这已经被证实了。

## 创造性思考

在创造性思考中，我们关心的不是证明什么，而是从可能性中能进一步获得什么。在得到了新主意之后，我们再检查它的真实度和价值。

在逻辑思考中，我们必须从现在的位置一步一步地往前推导。

在创造性思考中，我们可以往前跳，当到达一个新的位置以后，再开始检查那个位置的价值。

假设、猜测和激发是帮助我们实现创造性跳跃的方法。有的时候，我们不得不进行猜测，因为我们没有足够的信息。在创造性思考中，我们进行猜测是为了用新的方式来重新看待信息，以及考察新创意的可能性。

信息分析对产生创意来说是不够的，因为大脑只会看见它准备看见的，这就使我们难以摆脱旧的观念。因此，我们需要培养技巧进行猜测。

猜测可以是合理的猜测（就像做假设那样），也可以是毫无根据的纯粹的激发。运用激发的目的是为了让我们用新的视角看待事物，激发并不是把新视角直接呈现出来，而是把我们拉出旧的视角。

一个创造性的跳跃可以把我们的思考往前拉动，使我们从未来获取创意。没有创造性思考，我们就得从过去寻找创意，在已知的基础上努力向前。

创造性态度意味着愿意前进，愿意考察各种可能性。

## 水平思考

水平思考与改变观点和感知有关，指引注意力的工具负责拓展感知，水平思考的创造性工具负责改变感知。

水平思考直接建立在自我组织信息系统的模式行为基础上，这个系统使输入的信息自动形成常规的模式，这种模式使我们的日常生活成为可能。我们应该感激这些常规的模式，但是，由于这些模式是非对称的，我们也可以走捷径从主干道切入旁边的小道。

如果真的切入了旁边的小道，我们就具有了幽默或创造力。所有卓越的创意在事后看起来一定是合乎逻辑的，但是这并不意味着在事前也能借由逻辑得出这些创意。

有两个特定的技巧帮助我们切入到旁边的小道之中。

第一个技巧是联合使用激发和移动。激发就是一个在经验中不存在也不必为真的主意，我们用"PO"这个字眼儿来表示它后面的内容是一种激发。

有了激发后，我们接着进行"移动"，从常规的路径切入到旁边的小道（以及新的创意）。移动和判断不同，判断是把事物与我们的已知做比较，如果不符合，就否定掉它；移动则不要求判断，对于被提出的主意，我们只是努力思考怎样从它出发获得创意。

有很多特定的方法来设立激发：偶得，反向，摆脱，许愿和疯狂。

也有很多特定的方法来进行移动：抱有态度，时刻观察，提取规则，关注差异，寻找价值和兴趣点。

我们应当练习这些水平思考工具，每当需要产生新创意的时候，我们就可以有意识地运用它们了。

### 基本的操作

这里总结回顾几个基本的思考操作，我们应该理解这些操作并时常练习它们，这会非常有用。任何一种思考都是这些基本操作的复杂组合。就像只锻炼肌肉并不能使我们获得运动技巧一样，只练习这些基本的思考操作也是不够的。

根据木匠的例子，基本的操作分为三个。

**切割**：集中关注情况的一部分，从情况中抽取出一部分，分析情况的一部分，将注意力范围扩展到情况以外的背景。

**粘接**：连接、识别和辨认，将事物综合在一起，在建立和设计中创建事物。

**成形**：将我们面前的事物与某个参照物做对比，亦即做出判断、匹配、假设和对比。

记住，思考的原理和思考的实际技巧是不一样的，就像描述怎样打网球不同于实际打网球一样。将思考分成几个部分进行分析，并不能为我们提供有用的思考工具，思考工具必须是出于实用目的而特别设计出来。

## 进一步的思考习惯

这一部分的内容还包含了思考的另外两个方面。

### 1. 情况

有些真理是普适性的，但大部分被宣称为放之四海而皆准的真理其实只在特定的情况下才成立，这是思考和争论中的常见错误（因为争论一方想象的是一种情况，而另一方想象的是另一种情况）。

通常，重要的不是某件事物究竟是真还是假，而是在什么样的情况下它才为真。考虑到各自不同的情况，争论双方常常都是对的。

因此，这一思考习惯应该提出的问题是：

它适用于什么情况？

### 2. 宽泛和具体

这也是一种思考习惯和思考操作，我们需要养成这个习惯。

应该习惯性地提出两个问题：

这里的宽泛概念是什么？

如何具体地实施这一宽泛的概念？

能够在宽泛和具体之间上下推演，这是技巧熟练的思考者的一个特征。

我们提炼出宽泛的概念是为了改变它，或者找到更好的方法来执行它。我们提炼出宽泛的概念是为了简化事物，从而更好地理解事物。

如果一开始就提出宽泛的概念，我们就更容易提出各种备选方案。接着，我们再看看如何具体地把这些宽泛的概念付诸实施。

寻找"宽泛的概念"意味着寻找某件事物所包含的"概念"或"功能"。

## 小结

本书这一部分介绍了基本的思考操作，每个思考者都应该清楚地理解这些操作。另外，这部分还介绍了几个特定的创造性水平思考技巧。

**练习** //////////////////////////////////////////////////////////////////////////////////

1. "创造出尽可能多的选择和方案，这是总裁们的工作。社会价值也是政府应该考虑的事情。"这句话说得对吗？请运用批判性思考。

2. "只有两个方法来促使人们按照你说的去做：奖励或惩罚。"你同意吗？你还能想出其他的办法吗？请运用随机词"嘴巴"来帮助你想出办法。

3. "商店的橱窗"所蕴含的"宽泛概念"是什么？你还能找出其他办法来实施这个宽泛概念吗？请举出几个具体的主意。

4. "如果你吃得太多，你就会变胖。女人的脂肪通常比男人多，因此，女人一定比男人吃得多（相对来说）。"这个结论成立吗？

5. "孩子没有足够的生活经验来做出正确的决定，因此，孩子就应该听父母的。"在什么情况下，这个说法是对的？这里所蕴含的宽泛概念是什么？还有别的办法吗？

6. 如果海洋里的海豚可以毫不费力地得到它们所需的食物，那么你认为它们会怎样消磨时间（假设它们是高智商的动物）？给出四个宽泛的答案。

7. 有个地区发生了很多起夜晚盗窃案件，你如何减少这些案件的发生？运用"疯狂"型激发来想出一些办法。PO……

8. 监狱只会让罪犯更巧妙地犯罪，因此，把少年犯送进监狱是毫无意义的。这是符合逻辑的争辩吗？运用随机词"肥皂"来想出其他的办法对待少年犯。

9. "如果你不喜欢某个人，你就不应该对那个人微笑。"请对这个说法做出批判性思考。

# 思考的原则

在这里，我们总结出一些思考原则。本书在开头的时候也可以这么做，但是那样做意义不大。现在，我们会看到这些原则都直接来源于前面所介绍的思考过程，因此，这些思考原则可说是我们已经学习过的内容的结晶。

我们可以提出更多或更少的原则，也可以用其他的方式来表达这些原则，也许你还会认为我漏掉了一些原则。但是，介绍哪些原则关乎个人的选择，以下就是我选择介绍的原则。很难把要介绍的原则缩减成十二个，也许还有其他很多重要的原则也应该包括进来，但是我相信，出于实用的目的，十二个就是最大的限量了。

**1. 保持建设性。**

有太多的人养成了消极否定的思考习惯，他们喜欢证明别人是错的，他们觉得只要保持批判性就足够了，他们缺乏建设性和创造性的思考。有的时候，只有批判就足够了。但是，我们应该把建设性思考看得比批判性思考更重要。

**2. 慢慢思考，尽量将事情简化。**

除非碰上紧急情况，否则快速思考没有多大好处。即便你慢慢思考，你也会在短时间内做出大量的思考。尽量将事情简化，除了给人留下深刻印象以外，将事情复杂化没什么别的好处。有更简单的方式来处理事情吗？

**3. 将你的自我与思考分离开来，并且能够退后一步看待你自己的思考。**

熟练思考的最大难题就是自我问题："我必须是对的。""我的主意肯定是最好的。"你需要退后一步，冷静地看待你的思考。正如你对自己的网球技术要客观一样，你对自己的思考也要客观，这是发展任何一个技巧的必经之路。

**4. 此时此刻，我正在试图做什么？我的思考焦点和意图是什么？**

现在，我的思考焦点是什么？我正在努力达成什么？我正在使用什么方法或工具？没有这种对思考焦点和意图的认识，思考就变得天马行空、随处漫游。有效的思考需要时刻意识到焦点和意图所在。

**5. 能够在思考中"换挡"。知道什么时候该用逻辑，什么时候该用创造力，什么时候该收集信息。**

在开车的时候，你选择合适的挡位。在打高尔夫球的时候，你选择合适的球杆。在炒菜的时候，你选择合适的锅。创造性思考、逻辑思考和收集信息是三件不同的事情，一个娴熟的思考者必须能够熟练地进行这三种不同类型的思考。只具有创造性或批判性是不够的，你需要知道什么时候运用哪一种思考类型。

**6. 我的思考结果是什么？我为什么相信它会行之有效？**

除非你能清楚地说出你的思考结果，否则你就是在浪费时间。如果你得出了结论、做出了决定、找到了解决办法或者设计出方案，等等，你就可以解释为什么你认为它会行之有效。此时，你是怎样得出思考结果的并不重要，重要的是向你自己或其他人解释为什么这个结果会起作用。如果你的思考结果是明确了阻碍所在、发现了新问题，或者对事件有了更好的了解，你就必须决定下一步该做什么。

**7. 感觉和情感是思考的重要部分，但是应该把它们放在考察之后而不是之前。**

我们经常被告诫：应该在思考的时候把感觉和情感置之度外。这一告诫也许适用于数学和科学，可是但凡关系到人的领域，感觉和情感就是思考中不可或缺的重要部分。不过，感觉和情感应该被放到合适的位置。如果凡事先凭感觉，那么我们的感知就会受到局限，就可能做出不理智的选择。先进行考察，在逐一检查各种备选方案之后，感觉和情感就可以粉墨登场、帮助我们做出最后的选择了。

**8. 总是努力地寻找其他的方案、新的感知和新的创意。**

在任何一个时刻，技巧熟练的思考者都会努力寻找其他的方案，这些方案包括解释、行动的可能性、不同的方法，等等。当有人宣称只有"两个方案"的时候，优秀的思考者会立刻试图找出其他的方案。当某个解释作为唯一可能的解释被提出来的时候，优秀的思考者也会尽力去寻找其他的解释。寻找新的创意和新的感知也是如此。多问问自己：这是看待事物的唯一方式吗？

**9. 能够在宽泛的层次和具体的层次之间来回推演。**

为了实施一个主意，我们必须想出具体的实际办法，因此，我们最终要落实到具体。但是，能够在宽泛的层次上（概念、功能、抽象的层次等）思考，是优秀思考者的一大特征，这是我们创造各种备选方案的方法，是我们从一个主意移动到另一个主意的方法，是我们将主意汇合起来的方法。这里的宽泛概念是什么？我们如何实施这个宽泛的概念？

**10. 这是一个"可能"还是"必然"？逻辑、感知以及为逻辑奠立基础的信息都同等重要。**

这是一条关键的原则，因为它处理的是逻辑和真相。当某件事物被宣称为真的时候，它总是被说成"必然"如此。当一个结论被作为前面推导的结果时，它也总是被说成"必然"如此。一旦我们对之进行挑战，并证明它不是必然而只是一种"可能"，那么真理和逻辑的独断性就随之被推翻了。即使逻辑本身没有出错，但它得出来的结论也只适合逻辑推导所基于的感知和信息，因此，我们需要勘察结论的基础。在游戏和信仰中，如果我们设定某些事物是真的，那么这些事物在这个游戏和信仰系统中就是真的。在日常生活中，我们必须区分"必然"和"可能"，并对任何一个声明加以检验。

**11. 不同的观点可能在不同的感知基础上都是合理的。**

当出现对立的观点时，我们倾向于认为只有其中一个观点是正确的。如果你认为你是正确的，你就会力图证明其他不同的观点是错误的。然而，不同的观点也可能是"正确的"，在其特有的感知基础上，这个不同的观点很可能就是合理正确的。这一感知基础可能包括不同的信息、不同的经验、不同的价值判断和不同的看待世界的方式。在处理争论和分歧时，我们需要意识到双方不同的感知，我们要把双方的感知并列摆放，然后进行比较。

**12. 所有的行动都有后果，并会对各种价值判断、不同的人群和周围的世界产生影响。**

不是所有的思考都以行动告终，即使思考导致了某个行动，这个行动也局限于某些特定的领域，比如数学、科学实验、正在进行的游戏，等等。一般来说，只有以行动计划、问题解决办法、设计方案、选择或决定为结果的思考，才会引发下一步的行动。这个行动有其后果，它会对周围的世界产生影响，而这个世界包括各种价值判断和不同的人群。行动不是在真空中发生的，世界是一个拥挤的世界，其他的人和环境总是会受到各种决定和创意的影响。

## 小结

这里提出了思考的十二条原则，我们对每一条原则的适用范围和重要性都给予了解释。有些原则是关于如何运用思考技巧的，有些原则是关于如何练习思考技巧的。

这些原则值得我们时常复习和回顾。

## 思考原则的练习 //////////////////////////////////////////////////////////////

在对以上这些原则进行解释时，并没有特别指出它们分别与前面学习过的哪些思考工具和思考过程相关。之所以这样，是为了让那些没有阅读本书前面部分的读者也能运用这些原则。

此处的练习包括逐一记住并讨论这些原则。这里的讨论必须是建设性的：为什么这条原则很重要？它在什么地方最管用？人们通常都遵循了这条原则吗？

另外，请指出与每一条原则相关的、我们前面学习过的思考工具、思考操作和思考习惯。例如，第四条原则就和"焦点和意图"、AGO 相关，第七条原则和"红色思考帽"相关。

大家会发现，大部分原则都和前面所学的一个或更多内容相关。你可以利用本书前面的目录或者每一部分的总结回顾，来帮助你回忆目前已经学习过的内容。

# 第四部分
## 思考的结构与情况

# 结构和情况

到目前为止，我们已经介绍了思考态度、习惯、工具和操作。虽然我对使用六项思考帽的顺序提出了建议，并且在第一次总结回顾中，也提供了指引注意力的工具（AGO、CAF 等）的使用顺序，但是，这些建议都是针对工具的进一步使用的。

没有任何一种仙丹妙药能够让一个人立刻变成技巧熟练的思考者。很多人提出过复杂的结构，但这些结构都是美妙的纸上谈兵，在实际生活中并不实用。你无法在头脑里装一个复杂的公式，而且太复杂的公式也不方便使用。

前面提出的所有思考工具和习惯都可以单独使用，即使你从本书只学会了 PMI 一种工具，你的思考也会有所改进。如果你使用了本书中的六项思考帽，或者只学会了 "PO" 和激发的方法，那么这些有价值的方法也会为你的思考增色不少。

优秀的思考者会在思考的同时保持着好几种思考习惯。例如，思考者可能对价值判断十分敏感（这里的价值判断是什么？），愿意考察事物的真实情况（这里的真实情况是什么？），并且意识到要从宽泛的层次上进行思考（这里的宽泛概念是什么？）。而另一个思考者的脑海里可能只保存了一个习惯（在什么情况下这是适用的？）。

我并不要求通过一次阅读就记住本书的所有内容。每当处理任何事情时，你都可以回过头来复习本书，从而寻找并建立起你所需要的技巧。

我的目的是，即便读者只从本书学习到一种或几种思考工具和习惯，读者的思考技巧也会得到较大的改善，这就是我为什么分别介绍每个思考工具和习惯的原因。如果木匠只学会了使用锤子和锯子，而没有学会使用刨子和凿子，那么木匠也可以用锯子来锯木头、用锤子（和钉子）来把木头钉到一起，这样做虽然还算不上一个技巧熟练的木匠，但至少已经比原来好多了。

现在，我们开始考虑结构和情况。结构就是计划现在做什么和下一步做什么，我们在一定的结构内使用前面学过的思考工具和习惯。

## 结构

　　茶杯是一种结构，楼梯是一种结构，一座机场也是一种结构。结构使我们做事更容易，你不用杯子就没法喝水，没有楼梯就没法上楼，没有机场就没法上下飞机。

　　茶杯、楼梯和机场都是使我们采取某个简单的步骤从而达到目的的结构。你把茶杯倒满，然后把它端到嘴边喝水；你一步一步地走上楼梯；你在机场办理手续、接受安检，最后登上你要乘坐的飞机。

　　本书所指的思考结构是用来帮助思考的组织结构，这个结构将列出一系列的步骤。我们逐一采取每个步骤，这些步骤有助于指引我们的注意力，并在同一时间只关注一个焦点。

　　我们不必对每个不同的情况都自行创建一个结构，我们只需要学习一个一般性结构并应用它就足够了。

　　这些结构并不神秘，也不必都得到应用。它们是为了方便起见才提出来的，它们有助于澄清混淆，有助于维持思考的纪律。

　　结构既包括适用于大部分情况的一般性结构，也包括根据特定情况而设计出来的特定结构。

## 情况

　　思考的情况分为很多种（考察、组织、计划、设计，等等），但我并不打算在本书中涵盖所有的情况。我选择了三种情况，因为这三种思考的情况在日常生活中非常重要，而且也包含了我们需要做的大部分思考。这三种情况是：

　　争论／分歧

　　问题／任务

　　决定／选择

我打算在以后的著作中进一步探讨其他的情况。

应该指出，不同的情况需要不同的思考，也需要运用不同的思考工具和思考结构。

## 小结

结构就是对我们的思考步骤进行组织。结构既包括具有一般性的结构，也包括符合特定情况的特定结构。

# TO / LOPOSO / GO

这是一个非常简单的包含五个步骤的一般性思考结构，这个结构或框架适用于大部分情况。

这个结构中的每一个步骤都由一个音节来代表，所有五个音节都以"O"结尾，因此，这个结构很好记。

另外，我们还把这五个步骤按照顺序形象地描绘了出来（见下页图）。

现在，我们逐一来看看这五个步骤。

## TO

我们要去哪里（TO）？

我们的目标是什么？

我们的目的是什么？

目的地是哪里？

我们想得到什么结果？

焦点是什么？

对问题做出各种不同的定义。

使用 AGO 这一工具来描述目标。

戴上蓝色思考帽来明确地指出我们想要到达哪里？

音节"TO"代表我们思考的目标，在这个步骤中，我们需要非常明确地指出我们要做什么。只是笼统模糊地认识到思考目标是不够的，必须把这个目标清楚地说出来。思考的第一个步骤不能仓促，我们应该在努力完成步骤时，对思考目标做出清楚的说明。

"我们的思考目标是找到一个更好的处理垃圾的办法，我们想在最后得到一个具体的提案，以及实施这个提案的计划。"

"我们的思考目标是对你的工作贡献达成一致的评价，我们想在最后明确地认识到你在哪方面的帮助最大。"

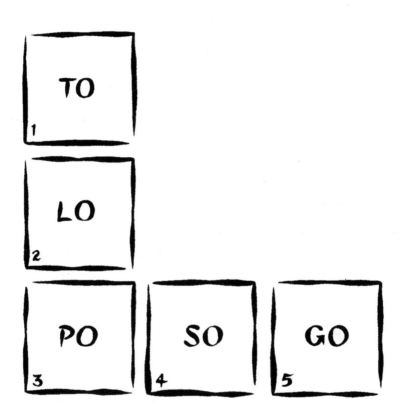

"我们的思考目标是决定这两个人中究竟该聘用哪一个，我们想在最后做出一个明确的选择。"

## LO

"LO"来自古英语"看"（to look）。我们有的时候会说"你瞧！"有些赞美诗也用了这个词语，它的意思是"看看这个"。

我们这里有什么？

情况是什么？

我们有哪些信息？

我们缺乏哪些信息？

白色思考帽思考。

使用 CAF。应该考虑哪些因素？

使用 OPV。这涉及到哪些人？

情况是什么？可能是友好或敌对的关系、有关法律的事件，或者紧急情况，等等。

这包含了哪些态度？

谁在思考？

发生了什么情况？

"LO"这个步骤要做的就是环顾四周。能获得哪些信息？迷题的组成部分有哪些？这是一种考察性的思考，也是平行思考。我们是在进行考察和扫描，而不是在做出结论。

当这个步骤完成时，我们应该收集到了所需要的信息，或者至少明确了我们需要哪些信息。我们对事物有了更好的了解，我们要列出所有需要考虑的因素，我们要知道思考所处的情况是什么，我们还要知道问题涉及到哪些人。

想象一个考察者，他肩负着为一块新领地画出地图的任务。

## PO

"PO"这个音节是我发明出来表示水平思考中的激发的。"PO"在这里的用法与在水平思考中的用法类似，但用途更广一些。"PO"之后不仅可以提出激发，还可以提出各种可能的主意。

还有别的方案吗？

使用 APC 工具来寻找其他的方案。

在"宽泛"的层次上提出多个主意，然后逐一找出将这些主意付诸行动的具体办法。

提议。

建议。

可能性。

假设。

猜测。

建设性主意。

绿色思考帽思考。

"PO"后面提出什么内容取决于思考需要的是什么。如果需要采取行动，那么 PO 后面就提出各种行动方案；如果需要解决问题，PO 后面就提出各种解决问题的方法；如果需要进行解释，PO 后面就提供各种可能的假设。

"PO"这个步骤是绿色思考帽思考的步骤，也就是说它是一个创造性的步骤。它使我们提出各种主意和建议。

在此，我们不需要对各种主意和建议进行选择，我们只是把它们平行地列出来。

"现在，对于飞机为什么坠毁，我们有了四种解释。"

"现在，我们对未来的水供应问题提出了三个解决方案。"

"现在，我们对在哪里举行派对有了三个提议。"

"现在，我的生日礼物已经有了两个选择。"

所有可能的答案、方案都应该被提出来，不要在做这个步骤之前就事先进行选择，但是你可以把这些不同的答案和方案摆在一起，以便显示出哪一个是最可行的。

## SO

这是一个普通的英文单词"SO"，其含义是：因此，那么。

"SO"这说明了什么？

"SO"我们现在有了什么？

"SO"我们下一步做什么？

这个步骤要做的是在各种可能的方案中进行选择。

我们将各种可能的方案进行比较和检查。

我们需要从中选择出一个行动方案或解释。

我们做一个 FIP 来评估哪个方案应该优先考虑。

我们根据优先考虑的因素和思考的目标来检查方案。

我们运用 PMI、C&S 和 OPV 来评估每一个方案。

如果我们采用这个方案，会发生什么？（C&S）

会有哪些好处和优点？（黄色思考帽思考）

这符合我们掌握的情况吗？（黑色思考帽思考）

存在哪些危险和问题？（黑色思考帽思考）

在黑色思考帽思考指出方案的问题以后，我们还需要努力改善方案。

"SO"这个步骤所需要的是输入大量的备选方案。

而它的输出就是一个选择、决定或结论。

在没法做一个选择、决定或结论的情况下，就必须对"SO"这一阶段的结果做出仔细的定义。阻碍是什么？已经获得了哪些进展？由此，我们还可以定义出一项新的任务，然后重复整个思考过程来完成这项新的任务。

完成"SO"这一步骤时，必须清楚地说明其结果。

"我最后决定要一部照相机作为我的生日礼物。"

"最后的决定是：我们在约翰家的谷仓里举行派对。"

"最后，我们选择聘用琼斯先生。"

"最后的结果是，我们没法做出决定，因为我们不知道其他方案的预算情况。我们现在必须去了解这个情况。"

"结果大家提议的地方都不合适，我们现在必须找一找其他的地方。"

"结果大家仍然没有达成一致，我们都对对方的立场有了更多的了解，但还是无法取得一致。主要的争执点在于周薪应该是多少。"

任何一个人，只要不满意对"SO"这一步骤最后结果的定义，他或她就可以戴上蓝色思考帽，要求大家进一步努力对结果做令人满意的定义。

在需要采取行动的情况下（比如医生的思考），不可能等到有更充分的信息时才采取行动。这时，要选择的方案应该是最适合当时情况的那个方案。

## GO

这是一个普通的英文单词"GO"，它意味着行动。

让我们行动吧。（Let's 'GO'.）

采取行动。

我们从这里出发到哪里去？

如果在"SO"的阶段没有做出最后的选择、决定或结论，那么就进入"GO"这个阶段来指出现在必须采取什么行动。这个行动可能是收集更多的信息，进一步思考，设立时限，等等。

行动计划是什么？

我们如何实施这个计划？

我们采取哪些实际行动？

我们如何使之发挥效应？

我们如何监督行动的进展？

退路是什么？

"GO"这个步骤的最后结果总是行动，"GO"必须有明确的结果。想象你正在走路，你走出下一步，一定有一个明确的方向让你走出下一步。"GO"这个步骤的结果是为了达成某个目的的行动。只有积极意义上的"什么也不做"才是可接受的，例如，不要因为竞争对手降价就降价，或者不要向要挟者妥协等。如果是因为没有得出任何结论而"什么也不做"，那就是不可接受的。

"这是行动计划。"

"我们的最后结果是一份报告，报告由彼得来写，必须在 12 月以前就准备好报告。"

"我们会在接下来的三个月里从供应商那里获得预算情况。伊丽莎白会组建一个团队来挑选供应商，并从他们那里获得预算情况。我们会在 3 月 3 日重新开会考虑这个问题。"

"最后的决定是取消了旅行，请在今天下午打电话通知其他人。"

"我们一致同意你应该在晚上 11 点以前回家。让我们把它写下来，以免再产生争论。"

"我们已经决定拨款 600 万英镑来开发新型割草机，约翰会组建一个团队并制定行动计划，我们必须在 6 月中旬以前就把这些完成。"

"第一步是投票表决，第二步做什么则取决于投票的结果。"

"GO"这一步骤必须得出行动方案。

## 形象的结构

下页的图形象地展示了 TO／LOPOSO／GO 这个结构。我选择了"L"形来描绘，因为"L"形的垂直部分表示我们已经拥有的（目标、信息、可能性等），"L"形的水平部分表示我们怎样一步步前进（从可能性前进到决定，再前进到行动）。

第 213 页的图表示了将现有的输入和行动的输出分开来，也就是说，有一条输入的渠道通往"PO"这一阶段，在此，我们输入各种可能性。"PO"后面则有一条输出的渠道通往世界。

TO／LOPOSO／GO 中间插入两条斜线，是为了便于发音，同时也表示其中既包括思考目标（TO），也包括最后的行动结果（GO）。在目标和结果之间，是思考过程。两条斜线还把常用的两个单词"TO"和"GO"与中间那些不常用的单词隔开来。最后，音节"TO"的发音与其他音节有所不同，它读作"TO-O"而不是"TOE"，而其他音节则可以读作"LO-E""PO-E""SO-E""GO-E"，这是个小事。

## 相互联系

这个简单结构的每一个步骤都是独立的，它们也应该如此，否则就失去其组织意义了。但是，这五个步骤之间也可能发生相互联系，例如，"LO"和"TO"之间具有相互联系，因为在收集信息时，你总是需要回过头去看看思考的目标是什么，正是思考的目标决定着信息的相关度。类似的，在"PO"阶段提出的各种方案也建基于"LO"阶段所获取的信息。在"SO"阶段做选择时也需要回过头去参考"TO"阶段的目标和"LO"阶段的信息（例如，看看涉及到哪些人）。

## 小结

这里给出了由五个步骤组成的一般性结构。这个结构的名字很好记：TO／LOPOSO／GO，我们也用"L"形图来对这个结构做出了形象的描绘。这个结构适用于大部分情况下的思考。

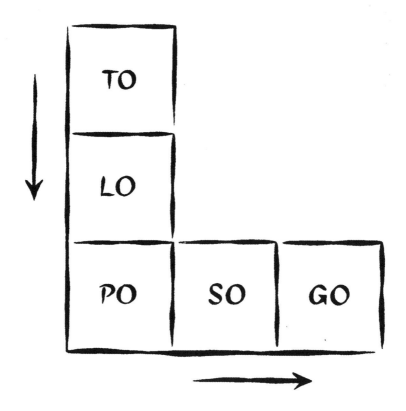

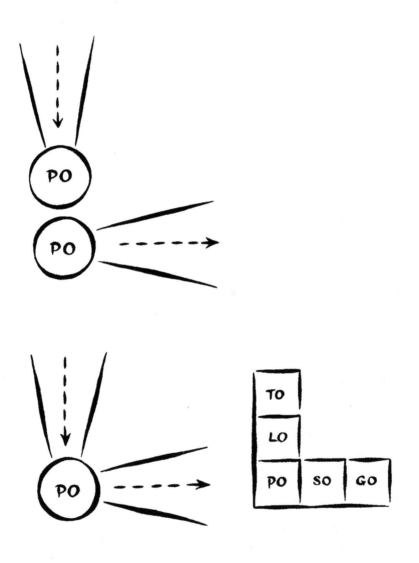

## TO ／ LOPOSO ／ GO 的练习 /////////////////////////////////////////////

1. 有些来到地球访问的外星人可以像地球人那样行动。一对外星人夫妇从 UFO 里面走出来，他们想去一个大型百货商场购物。由于他们是训练有素的思考者，他们使用了 TO ／ LOPOSO ／ GO 结构。你认为外星人会逐一在这五个步骤中思考些什么？

2. 据说，有些青少年之所以吸毒是因为他们的朋友在吸毒，或者是因为吸毒对他们来说是时尚的行为，或者是因为他们十分厌倦生活，想来点刺激。推销毒品的人一般很有说服力，他们总是说吸毒很时髦，而且那些吸过毒的人看起来也没发生什么不好的事。你怎样劝青少年不要吸毒？按照 TO ／ LOPOSO ／ GO 的结构写出你的思考步骤。

3. 一个 18 岁的少年有机会到日本去和他的一个家人待一年，因为这个家人刚好调职到东京。少年犹豫不决，不知道该不该去。请运用 TO ／ LOPOSO ／ GO 结构对此事进行思考，并努力得出一个明确的结论。

4. 很多进城的道路都有跨过河流的桥梁。一座桥被一艘运输船撞坏了，必须把桥封闭起来进行维修。负责维修桥梁的人运用了 TO ／ LOPOSO ／ GO 结构写出了安排事项，但是由于电脑出了问题，他写出来的这些安排事项被打乱了。请将以下的事项分门别类地划入相应的步骤（TO、LO 等）。

- 找出进城的其他分流路线。
- 车流量是每小时 1500 辆。
- 在附近修建一座新的可永久使用的桥。
- 在报纸和电视上发表桥梁封闭维修的信息。
- 组建一个维修队伍。
- 考虑到城市的物流需要。
- 考虑到城市和乡村中有权投票的人。
- 竖立起分流路线的标志牌。
- 考虑成本。
- 只封闭桥梁的一半，并帮助人们找到其他路线。

# 争论和分歧

这是很常见的思考情况，这种情况比通常的情况需要花费更多的思考。人们有不同的观点和意见，人们需要不同的事物，一个人觉得另一个人应该做什么事，但另一个人却并不如此认为。

争论既有安静的思辩，也有火药味儿十足的争吵和分歧。

## 情感和感觉

情感可能从一开始就已经表现出来了，事实上，争论很可能因为情感而升级。在这种情况下，争论的内容不再重要，因为争论已经变成了宣泄潜在情感的一种方式。意识到这种可能性是很重要的，因为在这种情况下，解决这种直接的冲突是毫无帮助的。

愤怒、恐惧尤其是怨恨的情绪，可能一开始就存在。在实际生活中，怨恨是很常见的情感或感觉，它混杂着不喜欢、嫉妒、感觉不公平、需要得到关注等各种情绪和愿望。

我在这里并不是要对那些因长期积怨而爆发的争论提供解决的建议。有一些思考方法可能对这种情况有帮助，但是劝解可能更为有用。

因此，在争论和分歧中存在着情感和感觉，包括愤怒、恐惧、侮辱、咆哮、威吓，等等。

### 1. 使用红色思考帽

红色思考帽可以有两种方法来使用：作为一种考察和作为一种标签。

在争论的一开始，或者在争论中的任何时刻，任何一方都可以建议："让我们戴上红色思考帽来看看会发现些什么吧。"

双方考察各自的感觉，然后把它们公开地表达出来。你不能确定对方是否诚实，你可以表示出你的疑惑，甚至可以直接说出你认为对方戴上红色思考帽后本应该表达出来的是什么。

红色思考帽是考察情感和感觉并将它们公开表达出来的方式。

当红色思考帽被作为标签来使用时，它就变成了转换思考的一种方式。如果争论对方非常情绪化，甚至开始谩骂起来，你可以说："这是很好的红色思考帽思考。"

这并不是说使用红色思考帽有什么不妥，而是说红色思考帽思考不需要有什么理由，而且也无需加以讨论。

红色思考帽还可以用来表明你自己的感觉："戴上我的红色思考帽，我对这个提议感到很生气。"

用这个方法，你就可以让别人看见你的情绪反应，而你不需要对自己的感觉做任何解释。


### 2. 词汇

有很多侮辱性的词汇：傻瓜、白痴、懒惰、自私，等等，这些词汇大部分都是形容词。

这些是红色思考帽的词汇：它们表达了感觉，但是没有逻辑支持。我们应该努力指出这一点，以便在争论中去除掉这些词汇。

"你又在使用另一个红色思考帽词汇了。"

应该记住：很多形容词都是用来表达感觉的，选择什么样的形容词就表达了你什么样的感觉。例如，如果你说什么东西"很臭"，可能表示你不喜欢那个东西。反之，如果你说什么东西"很香"，可能表示你喜欢那个东西。即使在最智慧、看起来最客观的写作中，我们也能发现这类事情。让我们来做个有趣的实验，你浏览一下报纸，然后把所有的形容词圈起来，你将发现，这些被圈起来的词大部分都是用于争论的表达"感觉"的形容词。这种争论没什么正确可言，它更像是在说："我的争论是正确的，因为我是这么感觉的。"

如果有人说："为什么你要穿这件看起来很蠢的裙子？"那么这个人只是在表示："当你穿一件我不喜欢的裙子时，我很不喜欢它。"

"正确"和"错误"这两个词在争论中运用得太多了，这两个词在争论中毫无意义，只不过徒增烦恼而已。这两个词过于绝对。我们通常认为，如果设法证明对方在某件事上是"错误"的，那么对方就一定在每一件事上都是愚蠢错误的。

争论中有很多可以运用到每一个人、每一种情况的词汇："粗心""自私""以恩人自居"，等等。对这类词汇无法进行防御，因为它们只是意味着："我想把你看作是自私的，你无法阻止我这么想。"

作为一种思考习惯，你可以在争论分歧中注意观察这类词汇的使用。你应该习惯性地提出的问题是：

这是一个红色思考帽词语吗？除了表达感觉以外，它还有什么意义吗？

指出这类词汇并努力避免使用它们，这是值得我们去做的。

## 感知

大部分争论和分歧的基础是感知，而不是逻辑，争论中每一方在各自的感知基础上都具有完美的逻辑推理。

一位母亲希望自己的女儿早些回家，因为母亲的感知里多是醉酒、居心不良的朋友、吸毒、性和街头暴力等事情。女儿不想早些回家，因为她的感知里都是行为端正、好朋友、正常的派对、没有吸毒，而且如果她比别人早回家，她会觉得自己显得很傻。在双方各自的感知范围内，双方都是正确的。

导致不同感知的另一个重要来源与未来有关。我们可以知道现在，但是我们对未来的解释却有赖于个人的经验。一位父亲想要儿子努力学习，父亲知道，如果儿子没有取得好成绩，将来会很难找到好工作。但儿子却理所当然地认为，他将来的生活水准会和自己的家庭以及他的朋友们一样，他的朋友没有一个是努力学习的，所以努力学习并不是那么重要。

大部分误会都来自于感知的不同。你不小心撞到一个人身上，导致他的饮料洒了出来，他认为你是故意的，但你知道这纯粹是一次意外。

你借走了一本书，本来是打算看完后归还的，但别人可能误以为你把书偷走了。

感知必须得到探索和界定。

解决分歧的三个基本步骤也可以用来对待感知：

1. 这些是我的感知，这就是我如何看待这个情况的。

2. 我认为你会这样看待情况……

3. 你怎样看待这个情况？

第二个和第三个步骤可以调换过来。例如，双方逐一说出自己的感知，或者，双方同时写下自己的感知，然后读出来。当有一方不愿意表明自己的感知时，你可以这么说："我认为你会这样理解情况……如果我弄错了，请告诉我错在哪里。"

一旦双方的感知被并列摆放出来，就有可能考察其中的差异。也许双方都是对的，只不过是看待事情的方式不同罢了。也许一方比另一方掌握了更好的信息来建立感知。通常，这种对感知的考察和对比就足以解决分歧，或者至少让双方转换到建设性的讨论之中，从而一起寻求答案和进步。

"我为什么以这样的方式来看待事情呢？"

"你为什么以那样的方式来看待事情呢？"

## 价值判断

除了感知的不同以外，价值判断的不同也是大部分分歧得以产生的基础。但感知是第一重要的，因为价值判断会受到什么影响，这也需要我们用感知来探知。

政府允许食品价格上涨到市场价格水平，人民表示反对，因为这样一来，他们就必须花更多的钱，而他们不一定有足够的钱。政府的长远打算是：食品价格上涨会鼓励农民多生产，由此，市场上的食品最终会变得更多。

有的时候，争论双方只不过是具有不同的价值判断。对青少年来说，同龄人的评价非常重要，你想适应同龄人的价值观，你想成为同龄人中的一员，你不想和同龄人看起来不一样。但父母却很难接受青少年本身的价值判断，他们考虑的更多是其他一些价值判断：健康、危险、赚钱能力、长期的安全、邻居们会怎么想，等等。

有的时候，虽然双方具有相同的价值判断，但是行动方案却会给双方带来相反的影响。一家商店提高了商品价格以赚取更多的利润，顾客们不得不支付更多的钱，并抱怨说自己在其他方面的花销减少了。在这里，"有更多的钱"是商店和顾客双方都具有的价值判断。

对风险的预测显然也是一种感知。一个女孩想和她的朋友们一起到印度旅游，她的父母想到的可能风险是疾病、抢劫、暴力，等等，而女孩的一个朋友刚刚平安无事地从印度回来，所以她不认为会有什么风险。这就是不同的感知。

但是，如果父母和女孩对风险的预测相同，那么是否愿意承受这一风险就涉及不同的价值判断了。女孩想和朋友们在一起，她对不同的宗教和风俗非常感兴趣，女孩想要冒险，想在毕业工作以前有时间游历和思考世界。但这些价值判断没有一个符合爸爸妈妈的预期，他们只看到女儿可能遇到的危险，以及旅游的花销和及时援救她的困难性。

对待价值判断的三个基本步骤是：

1. 这些是我的价值判断（与情况相关的）。
2. 我认为你的价值判断是这样的。
3. 你的价值判断是什么？

和对待感知一样，第二步和第三步也可以调换。如果对方不合作，不愿意说出自己的价值判断的话，你也可以直接说出你认为对方的价值判断是什么。

当价值判断被并列摆放出来的时候，就可以进行对比。这比对比感知要困难一些。在对比感知时，你很容易接受可能存在的感知。但是在对比价值判断时，你可能很难决定哪一个价值判断更重要。应该根据哪一个价值判断来决定结果呢？这个问题使你困扰。

现在，每一方都应该有意识地努力说明自己如何照顾对方的价值判断。想去印度旅行的女孩可以告诉爸爸妈妈，她会这样来打消父母的顾虑：采取良好的安全措施，经常和爸爸妈妈联系，在钱包里随时保留一张回程票，从不单独行走，等等。

有两个朋友合租了一间公寓。其中一个人喜欢整洁，另一个人则喜欢随处扔东西。两人要达成协议，可以采取这样的办法：喜欢整洁的人负责所有的清理工作，但少付一些房租；或者，房间里只有一部分地方可以乱扔东西，其他地方则不准乱扔东西。

一个基本的原则是：每个人都有权拥有自己的价值判断（在一定范围内），但不能把自己的价值判断强加给别人。想听大音量摇滚乐的人最好戴上耳机，或者只在自己的房间里听。

有时候，能够把相互冲突的价值判断协调起来，这也是一种创造性的努力和设计。

当不可能同时满足双方的价值判断时，就可以进行相互交易和妥协。

- **"如果你答应……我就放弃自己的看法。"**
- **"你可以让你的朋友在任何时候吃东西，但前提是你必须负责收拾干净。"**
- **"借车给你可以，但你必须把油箱加满。"**

讨价还价、谈判、补偿甚至勒索，都是交易和妥协的形式。在解决争端时，一旦不能满足自己原来的想法就坚持要求补偿，这会带来严重的问题，因为，这个坏习惯使我们更加难以取得建设性的协调结果。为了获取某种利益，你可能错误地发起争执、蛮不讲理。父母可能会答应女儿去印度旅游，但条件是她必须通过某个考试。

我们必须防范不相关的价值判断掺杂进来：这个价值判断和我们的争论有关吗？

熬夜等着孩子在结束狂欢宴会后回家的父母，可以要求补偿所失去的睡眠。但如果父母没有熬夜等孩子回家，而仅仅是不喜欢孩子晚回家的话，就不能要求获得补偿。

### 逻辑

总体而言，不论是在争端的起源中，还是在争端的解决中，逻辑扮演的角色和感知、情感比起来，都相对较小。感知几乎能够立刻改变人的价值判断和情感，但逻辑却没有这么大的力量。

不过，在试图建设性地解决争端时，逻辑也有其作用。

在一般的争论（与分歧和不同意的情况不同）下，逻辑的作用更为直接。

本书前面提出过的三个问题在此也应该被习惯性地提出来：

1. 这里的真实情况是什么？
2. 必然会得出这个结论吗？
3. 在什么情况下这是真的？

被宣称为真的情况和真正的事实之间有着重要的区别。一些被宣称为绝对真实的东西其实只不过来自于某个朋友的小道消息，被宣称为真的信息也应该得到质疑：

- **"如果那条信息是真的话，我就接受你的观点。"**

当别人说某个观点是从另一个观点推论出来的时候，听者就应该提高警惕，看看是否必然如此：

- **"你说如果房间里没有其他人的话，就一定是我的朋友拿走了那本书，你说不可能是小偷拿走的，因为没有小偷只会偷走一本书。但是，还有其他的可能性：那本书也许根本就没有被放在你说的地方，你把书放到了其他地方而自己忘记了，这也是有可能的。"**

能够想出别的可能性，是证明某个观点只是"可能"而非"必然"的最好办法。

在逻辑辩论中，检查背景环境也是非常重要的一个部分。这和对待感知一样，双方在各自不同的情况下可能都是对的：

- "你是对的。每个人都同意你的狗很温顺，而且大部分时候都表现很好，但有的时候，它看起来确实有点狂暴，并且变得危险。也许一年中只有一两个小时是这样，这可能是因为天气热或者别的什么原因，但是这里到处都是孩子，我们不能冒那个险。"

- "这并不是人类是好还是坏的问题。历史证明，在某些情况下，人类表现得很坏，在另外一些情况下，人类表现得很好。双方的观点都是正确的。"

- "在一定程度上，纪律是非常重要的，但超过了一定的程度，纪律就有可能束缚我们的创造力，影响事情的进展。"

如果是在考察的基础上发生的争论，我们很容易看出为什么争论双方会持有不同的观点。但如果是在冲突的基础上发生的争论（大部分情况都是如此），那么每一方都会各执己见，从而很难得出结果。

同样，我们在这里可以再次运用三个步骤：

1. 这是我不同意见的逻辑依据。
2. 我相信这就是你的逻辑依据。
3. 我不得不再强调，你所坚持的逻辑依据究竟是什么？

在处理感知和价值判断时，我们不一定知道对方在想什么。但在处理逻辑时，我们就会知道，因为那正是我们倾听对方时所获悉的。但不论如何，我们都可以要求对争论做出简要的总结。

和前面的做法一样，双方的争论观点都可以并列摆放出来，然后做出比较。双方产生分歧的基础是什么？双方在哪些地方是一致的？这两个观点能够被协调起来吗？

很多时候，争论都起源于对未来的不同猜测。

- "如果我们提高鞋子的价格，就没有人会买我们的鞋了。"
- "每个企业都会很快提价。如果我们现在提价的话，就不必在其他企业提价的时候再次提价了。这样做虽然会使现在的销售量降低，但在将来，我们会赚得更多。"

我们可以把不同猜测的基础提出来，但有的时候，我们不得不承认两个截然不同的观点各具依据，这样的话，我们为了选择或许要另需基础了（例如，检验其中一个观点的可能性）。

## 特定的结构

针对争论／分歧情况的特定结构是非常直接明了的。

首先，应该逐一考虑四个层次的内容：

1. 情感
2. 感知
3. 价值判断
4. 逻辑辩论

其次，在分别考虑每一个层次时，都要做四件事：

1. 声明和描述
2. 比较，找出相同点和不同点
3. 设计
4. 交易：讨价还价和补偿

### 1. 声明

提出三个基本问题：

1. 这是我的感知（情感、价值判断或逻辑）。

2. 我认为你的感知（情感、价值判断或逻辑）是这样的。

3. 你的感知（情感、价值判断或逻辑）是怎样的?

在练习中，这三个问题对探索感知和价值判断尤其重要。每一方的情感和逻辑争论经常都会很明显地自然表现出来，但感知和价值判断却是隐藏在情感和逻辑背后的。

### 2. 比较

双方的观点都并列摆放出来。

不要试图去挑战它们，也不要去质疑感知或价值判断的正确性。只有这样，才能客观地比较不同的观点。

1. 两者的相似之处有哪些?

2. 两者的不同之处有哪些?

应该努力找出为什么产生分歧的原因。它是由于信息不同或者看待角度不同而导致的吗?

### 3. 设计

努力设计出让双方都满意的结果:

1. 能够把不同的观点协调起来吗?

2. 能够设计出让双方都满意的新方案吗?

每一方都应该努力表现出自己会如何照顾对方的价值判断和需求。

### 4. 交易

尤其适用于价值判断，可以放弃一些价值判断以保留其他价值判断。

1. 对我来说，最重要的价值判断是什么？

2. 可以放弃哪些价值判断？

3. 可以引入哪些新的价值判断？

在交易阶段，可以做出一些补偿。

## 势力不均的争端

在上面的内容中，我假设争论双方都有兴趣消除分歧，但在现实生活中，情况并不总是这样。

在势力不均的争端中，有一方觉得自己能够赢，并且不想妥协或解决分歧，在他们看来，另一方能做的最好就是弄清楚自己要赢是不可能的，即便能赢，所付出的代价也会超过所获得的利益。

还有一些时候，人们不仅不想结束争执，反而兴致勃勃地想持续下去。这可能是因为争执给他们带来了某种地位和重要性。如果你能发现他们之所以持续争论是出于什么样的价值判断，那么你就可以努力向他们展示出：用其他的方法也能满足这一价值判断，而持续争论会怎样破坏这一价值判断。

在势力不均的争端中，每一方都试图让对方的痛苦最大化，这真是令人遗憾。

## 小结

争论／分歧情况的特定结构包含了对四个层次的考虑：情感、感知、价值判断和逻辑。在每一个层次上，都应该努力把争论双方的观点并列摆放出来，然后对其做出比较，协调其中的分歧。接下来的一步，就是努力设计出一个能够满足双方价值判断的方案。如果不能，就有必要进行交易和妥协，直到双方都满意为止。

## 争论和分歧的练习 ///////////////////////////////////////////////////////////

1. 两个朋友同意一起去参加一个派对，但到了举行派对的那天晚上，其中一个朋友决定留在家里看一个新的电视节目，另一个朋友很生气，他们吵了起来。请描述一下，这两个朋友各自的价值判断会是什么。

2. 一个妇女想自己开一家卖电脑的店，她和丈夫产生了分歧，因为她的丈夫觉得她应该继续留在 IBM 公司，保留那份高薪工作。请描述双方各自的感知可能是什么。

3. 有计划要在一个小渔村旁边修建一个大型的度假宾馆，渔村的人表示反对，因为度假宾馆会破坏他们的渔村和他们的宁静生活。开发商说，宾馆修好以后会给渔村的人提供更多更好的工作机会。开发商和渔村人的不同价值判断能够被调和起来吗？

4. 在去埃及旅游的路途上，一个人觉得你不应该给乞丐钱，因为这样做只会鼓励乞丐继续乞讨，并且减轻了当地政府帮助乞丐的义务。另一个人觉得，如果你幸运地拥有很多钱的话，就应该和那些穷人分享一些。这两个不同看法的感知基础是什么？这两个不同的感知能够被协调起来吗？

5. "最好还是聘请一个专业律师，不然你会输掉的。"

"一旦把争论交到律师手里，冲突只会升级，要解决冲突也就不可能了，因为律师必须靠打官司才能谋生。"

这两个逻辑争论能够被调和吗？

6. 一只漂泊游荡的野猫走进了一间房子，房子里有另一只被喂养得肥肥胖胖的家猫。请写出这两只猫之间的对话，看看这只野猫如何使用"价值判断的交易"来说服家猫允许它留下来。

7. 你把家里的汽车开了出去，结果和别人的车撞了。请写出你回家后，你和你家人的价值判断、感知和逻辑。

# 问题和任务

你需要尽快赶到机场，但是你的汽车就是启动不了。

你碰上了一个你喜欢的人，你想和那个人保持联系，但是却不知道该怎么做。

当地的垃圾场散发出来的气味越来越糟。

你在国外旅游，你很口渴，但不知道当地的水喝下去是不是安全。

你经营的店里发生了太多的偷窃事件。

你没法招募到你需要的员工。

你的竞争对手开发出了一个更好的产品，你的销量开始直线下降。

病人的感染情况越来越严重，但是她对她所需要的抗生素过敏。

你的朋友很不安，因为他误会了你告诉他的某些事情。


问题无处不在，有的是大问题，有的是小问题。问题是在我们顺利做事的过程中出现的中断、阻碍或者封锁。有的时候，我们可以退缩或放弃，但大部分时候，我们必须努力解决问题。

总体而言，我们无需去寻找问题，问题总会自动浮现。你可以试着去忽略问题（比如垃圾场散发出的难闻气味，或者邻居的闲言碎语），但大多数时候，你应该试图去解决问题。

"我想做这件事，但是没法做，因为有一个问题。"


## 任务

问题就来自于周围的世界，你无需去寻找它们。我们有很强烈的动机去解决问题，因为我们不得不解决问题。

任务就是我们为自己设置的问题。

我们需要解决问题。

我们想"解决"（执行）任务。

通过任务，我们为自己设置了一个问题。一旦我们决定去做一件事情，我们就不得不看看如何来做这件事情。

一个发明家为自己设立了一项任务：发明一种不能被刺破的轮胎。

一个园丁为自己设立了一项任务：种植一种罕见的水仙花。

一个研究者为自己设立了一项任务：为一种危险的病毒寻找疫苗。

一个女孩为自己设立了一项任务：为四只小猫寻找家。

一个政治家为自己设立了一项任务：赢得选举。

一个男孩为自己设立了一项任务：举办一场让人难以忘怀的派对。

一个侦探为自己设立了一项任务：找出谁是谋杀者。

一个历史学家为自己设立了一项任务：学习俄语以便可以阅读俄文资料。

在以上的一些情况中（研究者、女孩、侦探、历史学家），任务和问题发生了重叠，因为这些任务看起来属于当事人的正常活动。为了辨别什么是问题、什么是任务，你可以这样提问：你必须做这个还是你想做这个？

我们几乎以同样的方式来解决问题和任务，所以，从解决方案来区分两者是不重要的，重要的是，我们必须时常愿意为自己设立任务。

有上进心和企图心的人总是在给自己设立任务，他们通过执行这项任务不断前进。懒惰的人不愿意给自己布置任务，他们做一天和尚撞一天钟，只有当问题出现时，他们才去解决问题。

即使那些为自己设立任务的人也常常在设立任务的时候过于保守。不时设立一些乍看起来不可能完成的任务是很值得我们一试的，一旦你开始尝试解决这些任务，你就会逐渐发现它们变得可能解决。

## 猜测和估计

我们怎样从这里到达我们想去的地方？

起点和终点是我们都知道的，但中间的路途却是未知的。

第一步是猜测或估计我们会朝着哪个方向旅行，这个猜测可能是非常宽泛的。

- **"看起来我们应该朝北走。"**

这就是一个开始。接着，我们环顾四周，找出通往北方的道路。我们可能找到一些，我们检查这些可能的道路。当出现了几条清晰的道路供我们选择时，我们就从中选出一条。

优秀的数学家总是能够在投入具体的运算之前，就能估计出大致的答案。这种宽泛的、大致的估计提供了指南，并且预防了错误。

在解决问题和任务时，我们使用宽泛的概念（猜测或估计），以便为我们指引方向。一旦我们有了一个或几个宽泛的概念之后，我们就能够看到如何将宽泛的概念付诸具体的实施。这个过程也许很容易，也许很难。正如我在讨论"宽泛和具体"时指出的，宽泛的概念有助于我们创造出多个备选方案。

## "问题联系"法

我们可以通过形象的结构来解决问题和任务。

有一个起点。

有一条路线。

有一个目的地。

下页的图就展示了起点、路线和目的地。

目的地就是我们思考的目的（AGO），是我们想去的地方。第一步是从目的地"扔下"一些主意，这些主意可以是提供解决方案的情况，也可以是帮助我们逐步前进的子目标。

例如，假设存在这样一个问题：邻居总是把车停在我家的车库前，当然，这辆烦人的车也可能是邻居家的客人的。

从目的地"扔下"的主意包括：

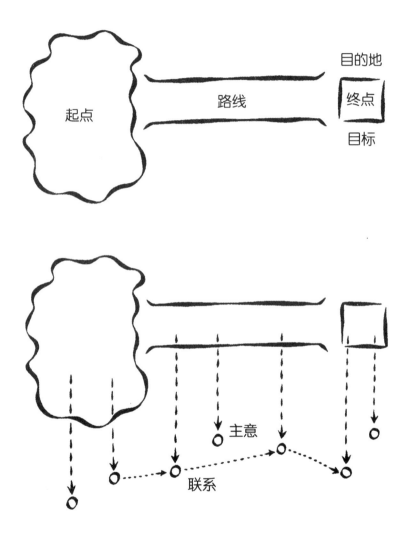

•让讨厌的车停在别的地方

•把停在我家车库前的车移走

•不许任何汽车停在我家车库前

•让邻居知道不能把车停在那儿

以上任何一种情况都有助于我们解决问题。

第二步就是回到图所示的"路线"中间，然后"扔下"一些宽泛的主意。这些主意可以是非常宽泛的，也可以是非常具体的，它们是到达目的地的办法。这些宽泛的主意可以是：

•让车不可能停在我家车库前

•警告邻居

•竖立一个不得停车的告示牌

•和邻居谈谈

•向邻居抱怨

以上并不包括所有的主意，而且有些主意互相重叠（比如竖立告示牌和警告邻居），但这不要紧。尽量写出你的主意，稍后可以对这些主意进行挑选。

最后一步就是回到起点。在起点处我们做一样的事情，就是"扔下"一些特征或因素，这些特征和因素不一定非得是对情况的全面分析。在上面关于停车问题的例子中，我们可以"扔下"这样一些因素和特征：

•邻居

•邻居的客人

•他们可能知道不能在我家车库前停车，但是却忘了

•他们可能以为把车停在我家车库前没什么关系

•他们可能以为车库的主人不在

•他们可能知道不能在我家车库前停车，但不在乎

我们在起点处做的就是挑选或者"扔下"一些因素、方面和特征。一开始没有必要涵盖所有的因素，我们可以稍后回过头来做这个。运用这个图形的目的就是激发出主意。

### 1. 联系

做完第一阶段，我们看起来有了一幅很像是一场小小暴风雨的图。

我们现在的任务就是通过把一些主意联系起来，找到从起点到终点的路线。

我们可以从任意想法出发，向着随便一个什么方向推进，最后到达另一个想法的所在之处。

例如，我们可以选择从目的地的主意"把停在我家车库前的车移走"开始。这个主意与路线中关于"告示牌"的主意有联系，这个联系让我们想到，可以竖立一个很大的告示牌，上面写着：凡是把车停在这里的人都必须把车钥匙留在车里，以备车库主人需要使用车库时把挡在道上的车移走。这个要求合情合理，但是大多数人都会因为害怕车被盗窃而不愿意冒险把车钥匙留在车里，所以他们宁愿把车停在别的地方。"把车移走"的主意也可以和"警告邻居"的主意联系起来，告示牌上可以警告：凡是停在这里的车都有可能被拖走。

目的地关于"让车停在别处"的主意也可以和"告示牌"的主意联系起来。在车库门前，可以竖立告示牌告知车可以停在哪些别的地方（这是一种建设性的方法）。

现在，我们选择"路线"下的主意来建立联系。如果我们让车"不可能"停在车库前，这可以和起点处想到的"不在乎"的邻居联系起来，也可以和目的地想到的"不许任何汽车停在车库前"的主意联系起来。在此，我们建立的是一般的联系，所以我们看不出如何来执行"让车不可能停在车库前"这个宽泛的主意。

我们可以选择路线下关于"和邻居谈谈"的主意，并把它和"邻居"这个因素联系起来。我们可以和邻居谈一下，或者一而再再而三地和他们谈，直到他们感到厌烦为止。

我们可以试着从起点处的因素或特征开始建立联系。例如，我们看看邻居"忘记了"这一点可以和哪一个主意联系起来，它可以和"告示牌"或"让车不可能停在车库前"这些主意联系起来。"客人"这个因素也可以和"告示牌"或"警告"的主意联系起来。

### 2. 路线

一旦形成了某种联系，我们就可以扩展这些联系，从而形成一条从起点到终点的路线。例如，我们找到的联系是：客人—告示牌—把车停在别处。也可以是：不在乎的邻居—让车不可能停在车库前—不许把车停在车库前。像这样的联系我们可以找到很多。

### 3. 具体

我们现在形成的路线都属于"宽泛的主意"，例如，"让车不可能停在车库前"就是一个很宽泛的主意。我们现在需要知道如何把这些宽泛的主意付诸具体的实施。我们可以在宽泛的主意下放一个三角形（见下页图）来表示这个过程，这幅图表示：宽泛的主意必须被具体地实施。于是，我们寻找各种办法（运用 APC 工具）来使车不可能停在车库前。这个思考焦点本身就引出了另一个新的思考过程。

•我们可以竖立很大的告示牌，只有当停车人把车钥匙交出来的时候，才可能把告示牌放平以便车子停放。

•我们可以使用木板围成一条路，从而让车只可能开进车库，而不可能停在车库门口的人行道上。

•我们可以把自己家的一辆旧车总是停在那个地方。

•任何经由"告示牌"这个主意形成的路线，都必须具体说明要在告示牌上写什么：

请把车钥匙留在车里

你可以把车停在……（给出车库门口以外的停车选择）

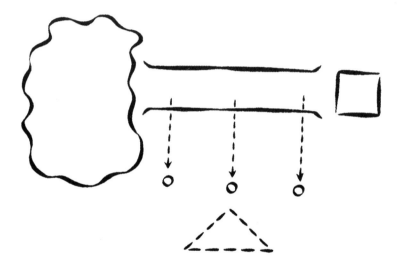

**停在这里的车有可能被拖走**

在这一阶段结束时，形成"路线"的所有宽泛的主意应该都得到了具体的描述。

接着，我们把各种"路线"或解决问题的方案摆在一起。这些就是我们从起点到达目的地的路线。

## 选择方案

经过以上的问题联系法，或者其他的方法（例如，你还可以运用 TO ／ LOPOSO ／ GO 思考结构），我们已经得到了解决问题（或任务）的方案。

选择方案现在变成了与"选择和决定"有关的事情。后面我们会详细介绍"选择和决定"，但在这里，我们可以考虑一个一般性的方法来选择方案。

### 1. 目标

所有这些备选方案都能满足我们的目标吗（AGO）？如果有一个不能满足，就把它删除掉，或者进一步改善它以使它能够满足我们的目标。

### 2. 可行性

这个方案可行吗？它能够付诸实施吗？它合法吗？这需要进行黑色思考帽思考。在路中间竖立一个告示牌有可能是违法的。

### 3. 优先考虑的因素

哪些因素是应该优先考虑的（FIP）？一个应该优先考虑的因素就是和邻居保持良好的关系，另一个应该优先考虑的因素可能是成本。哪个方案最符合我们优先考虑的因素？简单性通常是一个基本的优先考虑的因素。哪一个方案最简单易行？（即使它不是最好的，但只要它是最简单易行的，它就值得一试。）

### 4. 价值判断

这里涉及哪些价值判断？不同的人考虑哪些不同的价值判断？邻居没有别的地方可以停车，和粗心大意地把车停在那里，显然是两回事。如果邻居没有别的地方可以停车，那么邻居就应该永久性地给你一套车钥匙，以备你需要用车库时把他的车移走。通过这个办法，邻居停车的需要和你随时方便使用车库的需要都得到了满足。

### 5. 一般的评估

这可能需要黄色思考帽思考，也需要考察每个方案的结果（C&S）。如果涉及其他人的利益，还需要运用 OPV 工具。例如，在使用友好的语言已经足以解决问题的时候，你却在告示牌上留下了粗暴的警告，这会使邻居感到不安。最后，还需要运用 PMI 工具对每一个方案进行评估。

## 行动

当选择了一个方案时，就应该付诸行动了。也许你一开始选择了最简单易行的方案，一旦没有取得效果，就换一个方案继续行动。行动和实践是非常重要的。当涉及其他人的时候，其他人的感觉和价值判断也是很重要的。纸上谈兵的方案从来不可能是完美的，现实生活中的思考也从来不是纸上谈兵。

先列出行动步骤，然后采取行动。这就是 TO ／ LOPOSO ／ GO 中的 GO 部分。

## 新的问题或任务

在思考过程中的任何一点，都可以发现出一个新的问题、任务或阻碍点，从而以此形成一个新的思考焦点。

同样的方法，一个大的问题也可以被分解成几个子问题，然后分别对每一个子问题进行关注和思考。

思考技巧中最重要的部分之一，就是能够重新定义出思考的焦点领域和新的问题。

- "在这里，我觉得我们遇到了一个不同的问题。这个问题是：我们如何与邻居友好地进行交涉？"
- "我们可以把那个当作一个新问题。"
- "经过一早上的思考，我定义出了四个需要思考的焦点领域。"

寻找问题和设立任务一样。例如，在改进过程中，如果我们对事物的现状感到满意，那么，除非碰到了问题，我们获取不了任何改进。在设立任务时，我们可以把焦点放在某件事情上，然后规定自己找出更好的办法来做那件事情。

## 小结

问题会自动浮现出来，我们想做的事情碰到了阻碍，我们并不是有意制造问题。但是设立任务却意味着我们为自己设置问题，我们定义出想要到达的目的地，然后找出到达那里的路线。大多数人在设立任务的时候都过于保守。

解决问题的一般过程是：创造出各种解决方案，然后挑选出最适宜的方案。

"问题联系"法是一种形象的结构，这个结构使我们把宽泛的主意联系起来，然后找出如何具体实施它们的办法。选择适宜的解决方案，意味着看看被考察的方案是否符合我们的目标和优先考虑的因素，是否具有可行性，是否符合所涉及的价值判断，等等。在现实生活中，没有纸上谈兵的解决方案，现实世界需要我们采取行动。

## 问题和任务的练习 //////////////////////////////////////////////////

1. 写出你遇到过的三个大问题和三个小问题。

2. 一个女孩随着家里人搬到一个新的区域。写出她可能为自己设立的四项任务。

3. 一个经理找不到合适的员工。画出问题联系的图形，然后从每一个部分"扔下"一些主意。

4. 食品店里发生了大量的偷窃食品的事件。问题联系图在每一个部分给出了以下主意，看看你能在这些主意之间建立哪些联系？

**起点**：食品架，小偷一点也不怕，顾客对此漠不关心，不能监视每一个顾客

**路线**：警告，摄像监控机，侦探，悬赏，偶尔公开抓获小偷

**目的地**：减少偷窃事件的发生，让小偷有更多的恐惧，让顾客帮助监督

5. 在为孩子们设计一个新操场的任务中，提出了以下几个宽泛的概念。你能找出具体的办法来实施这些宽泛的概念吗？

"每天都有新的事物"，"孩子们可以自己建造东西"，"父母和孩子可以一起玩耍"。

6. 一只猫生了四只小猫，小猫会被人打死。一个女孩（或男孩）决定为这些小猫寻找栖身之处。做一个全面的解决任务的练习，使用问题联系图，并最终得出具体的行动计划。

7. 附近垃圾堆散发出来的气味越来越难闻。以下哪一个解决方案是最佳的？

•抱怨

•组织邻居们一起投诉

•搬家到别的地方

•在家里多喷空气清新剂

8. 你的朋友很不安，因为他误解了你告诉他的一些事情。由于他的误解，你也和他一样感到不安，这是解决问题的好办法吗？

# 决定和选择

我们可以在实际的思考中考虑三种可能性：

1. 我对要做什么完全没有概念。
2. 只有一种行动方案。
3. 有好几种可能方案，我该选哪一个？

如果你对要做什么完全没有概念，你可能需要更多的信息。也许有一种方法可以让你做你想做的事情，只要你找到这个方法，你就可以运用它。你可能还需要解决问题的技巧。你可能需要运用创造性思考（水平思考）来产生一些创意。

如果只有一种行动方案，你可能不得不采取那个方案。但是，在采取行动之前，看看还有没有别的可能方案是非常有用的。有的时候，你之所以认为只有一种行动方案，是因为你只能找到那一种。于是，情况就变成了最开始的那种情况：我如何找到其他的行动方案。如果你确实成功地找到了其他的方案，你就有了选择，于是情况就变成了：我如何在这些备选方案之间进行选择？

在真实生活里，思考迟早都会产生出几个行动方案。你必须做出决定，必须在这几个方案中间做出选择。这就是为什么这是本书最后要谈到的一个大问题。

除了在解决问题、制定计划、进行设计等情况下需要做出选择以外，有些情况也直接需要我们做出选择和决定。

我想去参加这个派对吗？

我应该嫁给他吗？

我应该把它买下来吗？

我们要到哪里去度假？

我应该接受这份工作吗？

我该选择什么样的职业？

到了买汽车的时候了吗？

我应该开除我的助手吗？

我该把选票投给谁？

我该选择哪一种治疗方法？

我想做外科手术吗？

## 情感

归根结底，所有的决定和选择都是带有情感的。总体而言，我们不觉得这是做决定或选择的最好方法，所以我们有的时候尽量进行思考。

思考的目的就是更好地安排事物，从而使我们最后做出的"感性"决定建立在更好的基础上。随便走进商店买一双鞋，似乎并不需要做出什么理性决策，但如果全城所有的鞋都摆在桌子上任你挑选，而且每双鞋都附有说明书，你就会觉得你的选择会更好。思考的目的就是以这样的方式来安排选择。

你也许认为最后的选择不应该是感性的，而应该是逻辑性的。在纯技术领域内，也许如此，但是在涉及人的领域，最后的选择就是感性的。假设你说："我将对此事做出最实际的选择。"这是什么意思？它意味着：你的选择是出于一种"害怕"：害怕犯错，害怕冒险，害怕损失金钱，害怕遇到麻烦，害怕别人会说什么，害怕自己看起来很蠢，害怕自己不切实际。

最终，大部分选择和决定都建基于贪婪、恐惧、懒惰等情感。

**贪婪**：想要更多的钱、成就，想要领先、被关注，想掌握更多的技巧、结交新的朋友，想把兴趣爱好发挥得更好，想有更好的自我形象，等等。我不是从"贬义"的角度来说"贪婪"这个词，我是指人们想要有成就感、想要更多。

**恐惧**：害怕犯错，害怕犯傻，害怕让别人感到不安，害怕未知事物，害怕损失金钱，害怕缺乏安全感，害怕改变。恐惧可能阻止我们做出某种类型的决定和选择，而促使我们做出另外一种类型的决定和选择。

懒惰：在某种意义上来说，懒惰是贪婪的反面，但懒惰也包含了恐惧的因素。没有动机，不想努力，知足，不想麻烦去做什么事情，不想陷入复杂的事物，不想问题出现，想要安逸的生活。

当你已经做出一个决定时，对自己提出这个问题是有好处的："有多少贪婪、恐惧和懒惰促使我做出了这个决定？"

## 小的决定和选择

选择穿什么样的裙子去参加晚会和选择从事什么样的职业，这两者是有区别的。同样，选择是否出席一个会议也不同于选择是否对一个新项目投资数亿元。

做小决定和小选择的时候，需要使用一个简化的结构。

### 1. 六顶思考帽结构

1. 我想做什么？（红色思考帽）

2. 为什么不行？（黑色思考帽）

3. 能够克服困难吗？（绿色思考帽）

4. 我还想继续做下去吗？（红色思考帽）

如果你确实想做什么事情的话，这个结构用起来很简单。但是，当你不想做某件事，而又觉得应该做这件事情的时候，你该用什么结构呢？

在这种情况下，你应该在使用红色思考帽之后马上使用黄色思考帽。

1. 我不想做这件事情。（红色思考帽）

2. 但是做这件事情有些好处。（黄色思考帽）

3. 存在哪些问题？（黑色思考帽）

4. 这些问题能够解决吗？（绿色思考帽）

5. 我现在感觉怎样？（红色思考帽）

显然，如果我们对某件事物最初的情感反应是强烈的，就不会觉得需要做什么决定或选择。如果有人想卖给你一块摔坏的手表，你的自动反应肯定是不买。只有当我们对自己最初的反应有所怀疑时，我们才觉得有必要思考一下。对此，我们可以使用六项思考帽，如果最初的反应是积极的，你应该紧接着使用黑色思考帽；如果最初的反应是消极的，那就紧接着使用黄色思考帽。

### 2. 指引注意力的工具

最简单的评估工具就是 PMI。对每一个方案都可以做一个简单的 PMI，你列出方案的有利因素、不利因素和兴趣点，然后看看自己有什么感觉。不要去数有利因素、不利因素和兴趣点各有多少，一个缺点可能比十个优点更重要，你只需要关心你看到的是什么。

另一个评估工具是 C&S。你假设自己分别做出了每一个选择，然后想象每个选择会带来哪些即时的、短期的、中期的和长期的后果。当不同的道路延伸在你的脚下时，看着这些路，选择你最喜欢的路。

要进行更为全面充分的评估，我们可以按照以下顺序使用指引注意力的工具：

1. AGO：哪一个方案最符合我真正想要的？
2. FIP：这些方案符不符合应该优先考虑的因素？
3. OPV：涉及哪些价值判断和哪些人？
4. C&S：会产生什么影响？结果是什么？
5. PMI：最好的、全面的评估。

我们以这样的方式来探索自己的感知，直到发现自己最心仪的那个选择为止。

## 大的决定和选择

这里，我们必须假设你有充足的时间来进行考虑。你不必匆忙仓促，因而可以做出更为全面详细的评估。

对每一个方案，都可以按照以下各个方面进行全方位的考察。

### 1. 目标和优先考虑的因素

这个方案能够达到目标吗？如果一个方案明显地不能达到目标，那就立刻把它排除掉。有的时候，目标也会改变。如果你正在考虑到哪里买避暑的房子，突然却又想到买房子还不如买一条船，那么你的目标就已经不再是买避暑的房子，而是变成买一条船了。

在实践中，很难看出一个方案是否符合优先考虑的因素。有的方案可能只符合一个优先考虑的因素，有的方案可能完全符合。在最后，你可能需要列出一个 A 表和 B 表，A 表里面的方案明显符合所有优先考虑的因素，B 表里面的方案只符合一部分优先考虑的因素。如果一个方案和大部分优先考虑的因素都不符合，那就应该把它排除掉。

### 2. 好处

这是黄色思考帽思考。决定者或者选择者能从每个方案中得到什么好处？为什么这是一个好的选择？我为什么想做这个？如果我必须把这些好处明确地列出来，我该怎么描述？在这里，我所指的好处是针对决定者或选择者而言的，而不是指对其他人的好处。

如果一个项目不能带来任何利润和好处，那为什么还要采用它呢？

这是非常重要的一个步骤，如果一个方案明显缺乏好处，那就可以马上排除掉它。

一个方案即使只符合一部分优先考虑的因素，你可能还是喜欢它。但是，对于一个明显不能带来好处的方案，你却仍然偏爱有加，这就有些匪夷所思了。

### 3. 可行性

这可行吗？能够把它付诸实施吗？它可能吗？它合法吗？它实际吗？它合理吗？

你也许认为，对任何一个方案，应该首先测试它的可行性，如果一个方案根本都不可行，那干嘛还要花力气去评估它有什么好处呢？在科学、工程学和数学领域内，的确是这样，但是在现实生活中却并非如此。

在现实生活中，可行性只是一种程度。如果你真的喜欢一幢很贵的房子，你可能宁愿借钱负债来买下它。如果你确实喜欢某个事物，你就有办法使它变得可行。这就是为什么我把评估事物的好处放在评估事物的可行性之前的原因。如果好处颇多，我们就努力使之可行，尽管我们不一定成功。

### 4. 困难和危险

黑色思考帽意味着判断事物的可行性，检查所存在的困难和危险。存在哪些问题？有哪些障碍？有哪些危险？

这里要评估的困难不仅包括采取行动方案存在的困难（比如高成本），也包括未来会发生的困难。有些方案虽然可行，但是仍然存在一些困难、障碍和耽误（比如获得建筑许可）。我们应该这样考虑："如果……这就值得做。"戴上黑色思考帽正是要指出这些"如果……"是什么。

### 5. 影响

如果你要在美国建立一个工厂，你就必须做一个"环境影响"分析，来看看你的决定会对环境产生什么影响。

同样，我们需要检查每一个方案对其他人、其他的价值判断、其他的项目，以及生活方式和环境可能产生哪些影响（直接的或间接的）。

这个行动方案的效果是什么？会产生哪些影响？我们不一定知道确切的答案，我们可能只能预测一些可能性，但我们必须要考察影响。

### 6. 后果

显然，好处、困难和影响都包含了后果这一因素，因为一旦做出决定，就会产生一定的效应。然而，专门列出清单来直接考察后果也是非常有用的，也许这个清单列出的后果和前面的内容有所重叠，但这不要紧，要紧的是不要遗漏应该考虑的后果。

我们先找出一个方案即时产生的后果，然后再考虑其短期、中期和长期的后果。什么是短期或长期？这些时间范围取决于我们所做决定或选择的性质。选择买什么样的车和选择从事什么样的职业，两者所产生后果的时间范围是不一样的。一般来说，短期是指一年以上，中期是指五年或十年，长期则指更长远的时间了。

### 7. 成本

很多决定都涉及金钱成本，但还有其他形式的成本。比如，你的时间和精力，你的争论、焦虑、担心和压力（这要视个人情况不同而定），这些都是成本。另外，友谊和人际关系也可能是你付出的一种代价。

每一个决定都是一种买卖，我们在获取的同时也有所付出。"什么也不做"看起来没有成本，但实际上也隐含着成本。例如，决定不买房子的成本就是你必须支付房屋租金，以及你可能因房地产升值而导致损失。

对一个忙碌的人来说，时间成本比金钱成本更重要。金钱是无限的，而时间是有限的，你可以挣更多的钱，但没法挣得更多的时间。

### 8. 风险

风险来自于不确定性。我们对未来从不确定，然而所有的决定和选择都是在未来付诸实施。

我们知道每一个方案所存在的风险吗？这些风险能够被降低吗？我们准备好接受这些风险了吗？

风险有各种类型：

**不如人愿**：事情不会像我们希望的那样进行，不会得到我们预期的结果。比如，一些预测到的困难没法克服，一个新建的房子会挡住我们观海景的视线，资产的价格也不像预期的那样飞涨，等等。

**害处和危险**：如果方案没有获得成功，你可能受害无穷。你可能损害了你的健康，你可能破坏了自己的生意，你的名誉可能受损，你可能伤害了其他人，你可能卷进了一场高额的诉讼赔偿。有些风险也许遥不可及，但有些风险却近在咫尺。如果你连续三年对自己的生意疏于打理，就很可能大难临头了。

**成本超支**：你所付出的金钱、时间、努力、争论等成本比你想象的还要多，要是早知如此，你可能就不会做出那个选择了。打官司的成本、医疗成本、建筑成本、产品开发成本经常超出预算。你怎样预测到这些可能存在的成本超支呢？

**环境改变**：你的身体健康改变了，股票市场起起落落，政府和税法改变了，或者友谊改变了，兴趣改变了。如果你的选择只在某种特定环境下才是正确的，那么，这个特定环境会有多大的可能发生改变？

**退路**：有退路吗？如果所有的事情都进行得不顺利，你该怎么办？你能放弃一切走开吗？最坏的情况会是什么？你也许不知道外在环境可能发生什么样的最坏情况，但留一条退路可以减少你的损失。

我们通过获取更多的信息、留一条退路、避险、事先预测来使风险最小化。最后，我们必须知道每一个方案可能存在的风险，以及我们是否准备好接受那些风险。

### 9. 试验和测试

在有些情况下，试验和测试是进行选择的重要组成部分。有些方案很容易在事前就进行测试，有些方案则需要总体的评价。你可以在郊区租一所房子，看看你是否适应住在郊区。你可以到晚会上待几分钟，看看你是否喜欢这个晚会。你还可以借一辆车来试开一下。但是，你很难测试一个职业，因为它需要长期的学习过程。你也无法事先测试出政治决策的所有后果。

我们能够测试这个方案吗？有没有简单的方法来试验它？容易测试的方案比不容易测试的方案更具有吸引力。

## 挑选

当我们浏览最后的清单时会发生什么？我们可能已经明确地看出哪一个方案是最好的。有些方案已经被排除掉，我们现在的清单更为简洁明了。

有的时候在一些方案前面做一些记号是有好处的。有的记号表示这个方案符合大部分考虑因素，有的记号表示这个方案虽然不太适合，但有某个突出的优点。

你可以加入一个新的优先考虑的因素，引进新的标准，从而进一步缩减最后选择的清单。

一个有用的办法是，想象你已经从剩下的方案里挑选出了一个，你现在对别人解释你为什么选择这个方案。你也许会惊讶地发现自己的理由在很多方面都缺乏说服力，于是，你不得不承认你的那个选择基本上是感性的。感性的选择也没什么不好，只要你承认这一点，并准备接受其中的风险。

如果各个方案都同样吸引人，那么选哪一个都应该差不多，但实际上这很有问题，因为我们舍不得放弃任何一个有吸引力的方案。因此，你接下来要做的就是努力"不喜欢"这些方案。你逐一找出每个方案的缺点（比如，会引发过多的争论，会花太多的时间，等等），于是，你的感知就会发生惊人的改变。当这些方案看起来不再那么引人入胜的时候，你就很容易学会放弃，并做出最终的决定。

## 四个选择

你可以做出四个而不是一个选择：

理想的选择：哪一个最接近理想的状态？

感性的选择（红色思考帽）：不论如何，你最喜欢的是哪一个？

实际的选择：哪一个是清单上最好的？哪一个是最切合实际的？

最省事的选择：如果你很懒，而且想过安逸的生活，那么你会选哪一个？

如果有一个方案最接近理想的状态，你也许应该选择它，不然的话，就要看你的个性如何了。有的人会做出感性的选择，并愿意承受一切后果。有的人则认为实际的选择最好。在一些情况下，还有些人喜欢最省事的选择（你也许少得到一些东西，但也省了不少麻烦）。

## 设计

如果你还不能做出选择，你就应该设计出新的方案，或者把已有的方案进行重新设计，现在是该你付出创造性努力的时候了。以每一个方案为基础，力所能及地设计，这也是一种创造性的努力。

设计之后，你也许会发现某个方案突然变得很有吸引力。这是因为尽管这个方案本身不那么吸引人，但是它为你进一步的设计提供了很好的基础。此时，你还必须想象进一步的设计是什么。

不论何时，只要难以判断方案孰优孰劣，你就应该付出创造性努力了，亦即不再关注方案"是什么"，而开始考虑方案"可能是什么"。

## 分析失效

如果过多的分析导致你很难做出决定，那么请戴上红色思考帽看看你喜欢选择哪一个。只有当黑色思考帽指出很好的理由来反对你的选择时，你才放弃那个选择。

## 小结

有很多情况需要我们做出决定和选择。此外，在各个方案（比如，解决问题的办法、设计方案等）中进行选择也是大部分思考过程的必经阶段。

最终，所有的决定和选择都是感性的，但是我们可以运用我们的思考来改善感知，从而使我们的情感得到有益的应用。

对于小的决定和选择，我们可以使用简单的六项思考帽结构，或者指引注意力的工具（C&S、PMI、OPV 等）。

对于大的决定和选择，我们需要列出诸多考虑因素，包括：目标和优先考虑的因素、好处、可行性、困难和危险、影响、后果、成本、风险、试验和测试。最后，还有一个挑选的过程，如果挑选不出来，就是我们应该进行设计和创造性思考的时候了。

## 决定和选择的练习 /////////////////////////////////////////////////////////////////////

1. 你觉得什么样的决定最难做?

2. 有很多朋友,和只有一个好朋友,哪种情况更好?请对这两种情况分别做 PMI,然后得出结论。

3. 家长应该给孩子很多零花钱还是一点零花钱?请对这两种做法分别做 C&S。

4. 你要开一家披萨店,有三个开店的地方供你选择:市区内、高速公路旁、百货商场里面。请运用以下工具来做出选择:AGO、FIP、OPV、C&S、PMI。

5. 你的一个朋友有两个选择,他(或她)可以在假期打一份工,然后把挣到的钱用来买一套新的音响,也可以把以前的存款用来和别的朋友一起度假。如果你的朋友戴上这些思考帽:红色思考帽、黄色思考帽、黑色思考帽、绿色思考帽,会做出什么选择?

6. 你的爸爸妈妈正在决定是买一部新车还是从朋友那里买一部二手车,你帮他们一起思考。分别检查这两种选择的以下方面:可行性、好处、风险、后果。

7. 一家公司想让自己的员工生产力更高,一名顾问被请过来,并提出了以下方案:

• **给员工支付更多的钱。**

• **开除懒惰的员工,新招聘一些勤奋努力的人。**

• **对员工进行更多的培训。**

• **对生产效率提高的员工给予奖赏。**

• **给员工更多的责任。**

请对每一个方案做出全面的评估,然后做出选择。

8. 借钱给朋友会有哪些风险?

# 第三次总结回顾

本书提出的所有思考工具都可以单独使用。

你可以做一个 PMI。

你可以请别人做一个 C&S 或 OPV。

你可以戴上红色思考帽。

你可以请别人摘下黑色思考帽，戴上绿色思考帽。

本书提出的所有思考习惯也都可以单独使用。

你可以注重不同的价值判断。

你可以提炼出一个宽泛的概念。

你可以检查情况的真实度。

有意识地运用这些教授思考技巧的方法，这些方法来自于多年的经验。复杂的结构只不过是纸上谈兵，在现实生活中并不实用。即使孩子们只从本书中学会了一两个思考工具，他们的思考技巧也会获得极大的改善。

在本书的这一部分，我为那些想深入思考的人提供了一些思考结构。年龄较大的孩子、学习动机强烈的孩子，以及那些思考重大事件的人，可能希望有一个更为正式的思考方法。

这些思考结构的目的和价值就是为了让我们一步一步地解决复杂的事情，我们按照思考结构所提示的步骤来解决问题，而不是临时决定下一步做什么。你可以自由组合你自己的思考结构。

## 一般性的结构

一般性的结构由五个音节组成：TO ／ LOPOSO ／ GO。

TO ：思考的目的和目标。我们想得到什么结果？

LO ：我们环顾四周，看到了什么？信息、因素、情境、地形，这些都是对大脑的输入。

PO ：思考中最积极、最富于建设性和创造性的阶段。我们创造出各个方案、主意和创意，以及可能性和可能的行动方案。

251

SO：从备选方案中进行选择，缩小选择范围，得出一个特定的结论、结果或行动方案。

GO：行动阶段，实施，行动计划或行动步骤。思考总是以行动方案为结果。

在以上每一个阶段，我们都可以使用思考工具。比如，在"LO"阶段使用 CAF 和 OPV 工具，在"SO"阶段使用 FIP 工具。

有一个形象的图形来强化我们对这个结构的理解，这个图形呈 L 形，其垂直部分代表思考的输入，其水平部分代表前进并提出行动建议。L 形垂直部分和水平部分相交的那个角代表"PO"阶段，即创造出各种可能的方案。

## 争论和分歧

这是思考结构得以运用的第一种特殊情况。

基本方法是把争论双方的观点并列摆放出来，并分四个层次加以考察。

**情感：**每一方的红色思考帽思考。

**感知：**每一方是如何看待情况的。

**价值判断：**每一方的价值判断是什么。

**逻辑辩论：**每一方提出的逻辑理由。

为了列出这些互相对立的观点，我们可以分三个步骤来做：

1. 这是我的观点。

2. 我认为另一方的观点是这样的。

3. 另一方的观点是什么？

如果另一方愿意表达自己的观点，第二步和第三步可以相互调换。

当各自的观点被并列摆放出来（既不对它们挑战也不对它们争论）的时候，就可以进入下面的步骤。

**比较：**双方的不同点是什么？双方的一致点是什么？这些不同点能够被协调起来或者去除掉吗？

**设计**：能够通过设计，把双方的对立观点协调起来，从而照顾到双方的价值判断吗？

**交易**：如果在设计阶段也达不成双方都满意的结果，那么可以进行交易和妥协，可以放弃一些价值判断以获得其他的好处。

## 问题和任务

问题就是我们做事的阻碍，问题会自动出现。任务就是你为了达到某个目的而给自己设置的问题。

问题和任务两者都存在起点和目的地，从起点到目的地的路线却是未知的。

问题联系法使用了一个基本图形，图形中有起点，有路线，还有目的地（或终点）。

从目的地，我们可以"扔下"一些主意或概念，这些就是子目标或者对目标的不同定义。

同样，我们从"路线"区域也"扔下"一些宽泛的概念和主意。宽泛的概念包含了我们到达目的地的方法，而主意既可以是宽泛的，也可以是具体的。

接着，我们移动到"起点"并"扔下"一些与情况相关的因素或特征，这些因素和特征不必全面。

现在，我们从这些"扔下"的事项中任选一个，把它与另外的事项建立联系。我们可以朝着任何方向移动。一旦找到了从起点到终点的路线，我们就努力把路线中的宽泛概念付诸具体的实施。

最后，我们形成了几个可供选择的行动方案。

评估方案的方法多种多样。可以简单地使用 PMI 或 C&S，可以在使用黑色思考帽之后接着使用黄色思考帽，还可以按照一系列因素来进行考察，这些因素包括：目标、可行性、优先考虑的因素、价值判断和一般性的评估。此外，还可以像在"决定和选择"部分中介绍的那样进行全面的评估。

## 决定和选择

有很多情况需要我们直接做出决定和选择，在多个方案中间做出选择也是很多思考（比如，解决问题、设计、计划，等等）的必经阶段。

归根结底，所有的决定和选择都是感性的，即使它们看起来是客观中立的。思考的目的就是让情感在宽广而清晰的感知基础上扮演它应有的角色。

贪婪、恐惧和懒惰等情感影响着大部分决定，在任何情况下，我们都应该问自己这三种情感对自己的决定发生了什么样的影响。"懒惰"包含了想过安逸生活、避免麻烦和纷争的愿望。

对于小的决定和选择来说，我们可以按照一定的顺序来使用六项思考帽：

红色思考帽

黄色或黑色思考帽（这些思考恰好是"感觉"的对立面）

黑色思考帽（如果前面用了，此处就不再用）

绿色思考帽（用于克服困难）

红色思考帽（最后的感觉）

另外，还可以使用指引注意力的工具。单独使用 PMI 或者 C&S 都可以提供一个简单的评估。要进行更彻底的评估，你可以按照以下顺序来运用工具：

AGO

FIP

OPV

C&S

PMI

对于大的决定和选择来说，应该有充足的时间对每个方案进行逐一评估，评估时应按照以下方面一步一步进行：

**目标和优先考虑的因素：**这个方案究竟有多符合目标和优先考虑的因素？可以列出 A 表和 B 表，A 表中的方案完全符合优先考虑的因素，B 表中的方案只符合一部分优先考虑的因素。

**好处：**黄色思考帽思考。这个方案给决策者或选择者直接带来了哪些好处？

**可行性：**这可以付诸实施吗？它可能吗？只要付出大量的努力，有些事情就是可行的。

**困难和危险：**黑色思考帽思考。会存在哪些困难？预测到潜在的困难和实际的危险。

**影响：**每个方案对生活方式、其他人、其他项目、环境等产生什么影响？关注其扩散效应。

**后果：**直接考察即时的、短期的、中期的、长期的后果。即使其他地方已经提到这些后果，也应该再次把所有后果综合起来进行考虑。会产生哪些后果？

**成本：**成本不仅包括金钱，还包括时间、争论、精力、努力、压力、焦虑，等等。我的"付出"是什么？

**风险：**评估风险，并准备接受风险。风险有不同类型：不如人愿，害处和危险，成本超支，环境改变，退路或预防措施，等等。

**试验和测试：**这个方案可以测试吗？能够在全面实施之前进行试验和测试，这是一些方案的极大优势。

经过以上逐一全面的检查，最终的选择可能已经水落石出。如果还没有，那么你可以再增加一些考虑因素或评估标准。

有的时候，人们很难在看起来都不错的方案中进行取舍。在这种情况下，应该通过逐一检查各个方案的缺点，从而努力去"不喜欢"它们，这样做使我们比较容易取舍。

另一个做出选择的方法是做出四个而不是一个选择：

理想的选择

感性的选择

实际的选择

省事的选择（最不费力气）

选择者的个性决定了以上哪一种选择是最好的。

如果到最后还是没法挑选出一个方案，那你就需要进行设计和创造性的思考。你可以把既有的方案加以改进，可以把一些方案合并起来，还可以创造出新的方案。

最后，如果过多的思考和分析使你陷入了迷惑，那么最简单的方法就是戴上红色思考帽。我最喜欢选哪一个？接着，你再戴上黑色思考帽，看看你的选择是否可行。

## 小结

这一部分提出了四种结构：一般性的结构，争论和分歧，问题和任务，决定和选择。

每一个结构都应该按照步骤一步一步地进行。每一个步骤应该具体到什么程度，则要看事件的严肃性而定。

经过对结构的考察和评估，最后的答案、解决方案或者结论就应该水落石出了。如果结论还没有凸显出来，可能是因为你没有合适的方案，或者你无法在众多方案中做出选择。于是，接下来应该做的两步是：

1. 定义出你碰到的"阻碍点"或者新问题，然后对它进行思考。

2. 进行创造性思考，产生出新的方案，或者完善既有的方案。

思考的过程可以循环往复。思考的结果可能是定义出一个新的焦点或问题，而对这个新焦点和新问题的思考，可能又引发出新的焦点和问题，如此不断循环。

**练习** ////////////////////////////////////////////////////////////////////////

1. 一个女孩（或男孩）想把自己的房间粉刷成黄色，但妈妈认为应该粉刷成蓝色。这属于哪一种思考情况？这个思考该如何进行？

2. 对以下情况运用 TO ／ LOPOSO ／ GO 结构进行思考。

肥胖者厌倦了自己在公众眼中的不好形象，他们决定发起一场叫作"肥胖即是美"的运动。

3. 一个男人让两个小朋友帮他粉刷篱笆，并答应付钱给他们。当两个小朋友粉刷完以后，这个男人却只愿意付当初谈好的一半价钱，因为他认为粉刷得不够好。运用争论这一结构来处理这件事情。

4. 你总是往家里呼朋引伴，你的爸爸妈妈认为这过分了一点，因为他们想要宁静安详的空间。请写下双方的感知和价值判断，如何解决这个争端呢？

5. 在一些国家，越来越多的人从乡村移居到大城市寻找工作，城市规模以不可思议的速度急剧扩张。能够用哪些办法来解决这个问题？请运用问题联系法来解决这个问题。

6. 在一次考试竞赛中，你注意到你的几个朋友好像在作弊。你有哪些方案来处理这个情况？请写下你的方案，然后按照顺序使用指引注意力的工具，来选择你要采取的方案。

7. 为一个 19 岁的男孩（或女孩）对以下方案做出全面的评估。

•继续住在家里。

•和另外两个朋友到外面合租一个公寓。

•到外面单独租一个房间。

8. 你在大街上捡到一个塞满了钱的钱包，和你在一起的人想把这个钱包留下，但你却想把钱包归还给它的主人。这时，应该进行什么样的思考？

# 第五部分

## 有趣的思考游戏

# 报纸练习

以下的练习是为孩子们以及开始把思考当作一种爱好的家庭准备的。这些练习都附有具体建议，你可以据此看看你的练习情况如何。

## 1. 塔

你只能拿一张报纸，也就是说，不要用剪刀来剪，而是拿一张能正常折叠起来的报纸。

你可以拿一把剪刀，除此之外就不能拿别的东西了。

你不能使用胶水、图钉、胶带或其他任何东西。

你的任务是用报纸做出一个尽可能高的塔。这个塔应该足够稳固，至少能够在正常条件下支撑一小时以上。

### 1. 思考

目标是什么？问题是什么？我设立了什么任务？有哪些方案来完成任务？

我们需要设计型的思考。我们需要运用一些工具和资料来进行思考，以达到目的。

当你建成一个稳固的塔时，这只是第一步。你要维持住那个塔，或者至少记录下它的高度。

你应该回过头去不断地品味问题，努力找出改进的方法。你还能使塔更高一些吗？高度有限吗？

有的时候，你会把同一个设计方案尽力做得完善。有的时候，你想完全改变设计，使塔的高度更高。

你会不断做实验，并不是所有的主意都会成功。

### 2. 记录簿

如果你真的想从练习中获取最大的好处，那么你就应该为你的思考做

261

一个记录簿。在记录簿（标明了日期）里，你记录下你的思考：问题，困难，你打算怎样克服困难，发生了什么，新的目标，优先考虑的因素，各种备选方案，等等。

## 2. 形容词

很多时候，我们使用形容词来表达对某件事物的感觉。我们可能说某个东西"很臭"，也可能说某个人"真粗心"。

有的时候，形容词也可以用于客观描述，比如，"多云的"天空，或者"黄色的"墙。

我们能够区分出什么时候形容词是在做客观的描述，什么时候是在表达主观的"感觉"吗？

这个练习就是拿一张报纸，然后用铅笔、圆珠笔或有颜色的笔，把报纸上每一个你看起来像是在表达"感觉"的形容词圈起来。如果不用报纸，用词典或者其他有文字的纸也可以，随你喜欢。

这个任务是看看你能以多快的速度找出 20 个表达感觉的形容词。

选择形容词的时候，可以和朋友或者爸爸妈妈一起讨论。尽量把那些很明显的形容词找出来。

这个练习可以反复做。比较一下你每次练习所花的时间。

## 3. 桥

这是另一个结构性练习，和前面关于塔的练习类似。

同样的，你可以拿一张报纸和一把剪刀，除此之外不能再拿其他东西了。

你的任务是用报纸在两个支撑物之间造一座桥，这两个支撑物可以是两堆隔着一定距离的书。

你现在选择可以放在桥上的重量，这个重量可能是一本书，或者其他有半磅重的物品。每一次练习都用同样的重量。

现在，你看看能把两个支撑物隔开多远。你用报纸造成的桥最长有多长？每一次，这座桥的中间都必须能够支撑同样的重量。

随着你越来越熟练地完成任务，你会发现你可以把桥造得越来越长，而这座桥必须足够稳固地支撑至少一个小时。

这里所需要的思考步骤和前面造塔所需要的思考步骤一样，只是任务的需求不相同。

在造塔时，你可以用一个记录簿来记录你的思考。

在造桥时，你应该测量桥的长度，然后尽力增加这个长度。你每次使用的报纸尺寸也必须相同。

## 4.　标题故事

看看一张报纸的新闻标题。注意，只能用同一期的报纸来做练习。

你的任务是尽可能多地把新闻标题拼凑起来，从而形成一个故事。这个故事必须有意义、说得通。如果故事中间存在空白或说不通的地方，那么你的故事就不那么成功。

看看你能用这样的方法拼凑起多少条标题。你用的标题越多，你的故事就越长，你也就做得越成功。

你可以经常反复做此练习。随着你练习得越来越好，你会越来越善于看出标题的不同含义。你会发现，你能够拼出很长的标题故事。

如果你把这些标题剪下来，你就可以试着用不同的顺序重新拼凑它们。由此，你可能得出不一样的故事。

## 5.　链条

这是第三项结构性任务，这个任务是要建造出一条足够强韧的链条或绳子。

和以前一样，你可以拿一张报纸和一把剪刀，除此之外不能拿任何东西。

链条的长度被设置为六英尺，链条可以挂在相框挂钩上或者门顶上，也可以用别的方式把它的一头固定起来。从固定点到链条的另一端，长度必须是六英尺。

你的链条最大能够承受多少重量？你可以一开始把轻的东西挂上去，

然后逐渐增加重量。你可以用家用弹簧秤来看看你悬挂的重量是多少。链条悬挂的重量必须至少维持一小时。

用什么物品的重量，以及怎样固定报纸做成的链条，由你自行决定。你不能使用更多的报纸，你可以把报纸打成结，然后把所悬挂的东西穿过这个结，但是你不能往报纸上粘胶带或别的东西。

看看同样长度的链条每次能悬挂多重的物品，重量越增加，你的进步就越大。

这里所需要的思考和前面造塔、造桥所需要的思考类似。但是，这次的任务是不同的，因为它涉及的是张力，而不是结构性支撑力。而且，这里的重量也更大。

和以前一样，你可以使用记录簿来记录你的进步。

## 6. 图像和故事

这个练习也可以用一期报纸来做，但也允许使用更多期的报纸。

你的任务是从报纸中找出一个图像（或照片），然后用一个新闻标题来和它匹配。这个标题可以是任意一个标题，但图像（或照片）本身所附的标题除外。

你将标题和图像进行匹配时，既可以用严肃的方式，也可以用有趣的方式。最好是用有趣的方式来完成这项任务。

你可以储存很多图像（或照片）和标题，然后将它们进行任意组合。这里练习的正是你的感知、想象力，以及寻找不同解释或方案的能力。

# 十分钟思考游戏

你可以和别人进行讨论、对话或者争论。尽管这些包含了思考，但是，十分钟的思考游戏提供了一个有用的框架，在这个框架内，两个人可以用一种更直接的方式展开思考。

这个游戏不分输家和赢家，游戏双方都会乐在其中（这是一个两人玩的游戏）。

理想说来，游戏的每个阶段都应该准确地控制为一分钟，但为了让游戏更好玩，这个时间限制不必那么严格。不论如何，游戏都应该让大家玩得兴致勃勃。

参加游戏的双方为 A 和 B。

A：说出一个词（名词、动词或形容词均可）。

B：提供一个情境或环境。

A：根据 B 提供的情境设立出一项特殊的思考任务。这个任务可以是考察、设计、解决问题、提出观点，等等。A 必须清楚地定义出目标："我希望你最后的思考结果是……"

B：考察情况，并得出明确的结论、建议或解决方案。

A：对 B 提出的方案或结论做一个快速的 PMI，指出其有利因素、不利因素和兴趣点。

B：评价 A 所做的 PMI。

A：考察情况，并得出明确的结论、建议或解决方案。

B：对 A 提出的方案或结论做一个快速的 PMI。

A：评价 B 所做的 PMI。

B：对题目做总体评价（这是个好题目吗？），对思考做出评价（出现了一些有趣的主意吗？）。

总时间：如果 A、B 两人每个阶段的谈话都严格地控制为一分钟，那么总时间就是十分钟。如果在某个阶段花的时间较少，那么下一个阶段就可以相应地增加时间。换句话说，也就是三分钟后第三阶段应该结束，七分钟后第七阶段应该结束，十分钟后第十阶段应该结束，等等。

## 举例

A："猫"。

B：情境是丛林。

A：丛林使人想到老虎。问题是：老虎已经濒临绝种了。我希望你找到办法来解决这个问题。

B：老虎被猎人捕杀，我们需要找到办法防止猎人捕杀老虎。我的建议是：立法禁止猎捕老虎，并且设立特殊的老虎保护区。

A：优点：减少了对老虎的捕杀。缺点：保护区内的老虎有可能影响农业和农民。兴趣点：老虎会老老实实地待在保护区内吗？

B：保护区内的一些老虎会吃人，确实带来了不少麻烦。

A：如果我们希望有更多的老虎，我们可以让它们繁殖更多。我的主意是在人工环境下繁殖老虎，然后再把它们放回丛林。

B：优点：你可以只繁殖出最好的品种。缺点：繁殖培育的过程可能太慢了。兴趣点：在人工环境下繁殖的老虎被放归丛林之前，可以训练它们如何避免猎人的捕杀。

A：如果把母老虎抓到几天后就进行人工授精，然后再把它放出去，繁殖培育的过程就会加快了。

B（总体评价）：这是一个有趣的题目，保护区的办法也已经被成功地实施。我们在思考中出现了一些有趣的主意，比如在把老虎放归丛林之前，训练它们如何避免猎人的捕杀。也许在野生环境下也能找到办法这么做。

这个游戏的最大好处是：双方都需要产生创意并评估别人的主意。在每一分钟，每个人都要快速地完成一个特定的任务。这对集中焦点并遵循纪律进行思考来说是一个很好的训练。与平时那种漫无边际的对话或者针锋相对的争论不同，这个游戏让双方直接练习了思考的各个方面。

**小结**

两个人的思考游戏就像一种投接球式的思考。

设立一个思考题目，然后每个人对这个题目提供创意，这些创意要得到评估。

每个阶段的时间是一分钟。

这个游戏不仅使双方集中焦点并遵循纪律来进行思考，而且还练习到了思考的各个方面（设立任务、提出解决办法和方案、评估、评价）。

# 绘画法

这是一个练习思考技巧的强有力的方法，多年以来，我让不同年龄、不同能力和不同文化的孩子们都使用了这个方法。

从五岁的孩童到成年人，都可以使用这个方法。年幼的孩子可能对画画的理解力还较弱，所以需要伴以相应的解释。

在这里，我所指的"绘画"并不是描绘风景的艺术画或漂亮的图片。这些"画"是展示如何做事的"功能性"的画。在这种意义上，这些画就是"解决问题""完成任务"或者"进行设计"的画。我们需要达到某个目标，然后我们画画来展示如何达成那个目标。你可以画画表示如何给一头大象称重，也可以画画表示如何发明一种机器来训练小狗。我有另外两本书就是建立在绘画法的基础上，教孩子们如何完成不同的任务的，这两本书是《如何让孩子们解决问题》和《训练小狗的机器》。

## 语言和图画

由于缺乏社会经验，孩子们的词汇量是有限的。如果家长的词汇量有限，那么他们孩子的词汇量也是有限的。但是，在画画时，孩子们就是自由无限的，每个孩子都可以看到猫并画出猫。绘画可以跨越广泛的社会经济背景，因而绘画法是展示思考过程的一个很有用的方法。

孩子们常常找不到准确的词来描述一个复杂的概念，但是他们可以通过画画来表示那个概念。在画一个"能够让人入睡的机器"时，一个孩子画出了一个人躺在一张稍微向下倾斜的床上，床头有音乐和按摩头部的机器帮助这个人入睡，当这个人睡着时，他就会不自觉地往下滑，从而把脚蹬在了床尾的开关上，于是这个开关立刻就把音乐关掉了。这幅画实际上蕴含的概念是"反馈控制"，但这个孩子可能永远也说不出这么复杂的一个词。

运用语言的时候，人们常常陷入闲聊胡扯或者含混模糊的状态，但运用绘画的时候，却不可能这样。你必须画出某个事物，家长或老师可以指着图画的某一个部分问道："那是什么？"

图画也经常比描述性的语言能够更快地表达含义。

图画为孩子的思考提供了一个组织框架。运用语言词汇的时候，你很难在写的时候把每一件事物都保存在脑海中，但是画画的时候，你可以立即看到你已经做了什么以及还需要做什么。如果存在空白处，你就得填补空白。

## 操作性（OPERACY）

操作性是做事的技巧，是促使事件发生的技巧。传统的教育通常是反应式和描述性的，因为把事物摆在学生面前，然后要求学生做出反应，这种教育方式要容易得多。要教学生进行操作，目前还没有很多切实的办法。让孩子们经营一个项目或者制造某个物体，这虽然奏效，但十分耗时。但绘画法就简单快速多了。

在画画的过程中，孩子们必须以一种具体的方式把他们的经验、官能和概念组合起来以达到一定效果。画画时需要考虑一些问题，并克服一些困难。

在画画的过程中，孩子们经常表现出惊人的综合思考能力。他们会考虑到很多因素、后果和相关的人。

通过绘画，孩子们常常得到一种难以言传的成就感。孩子们会觉得："我找到一个办法来做这个了。""这个会起作用。"孩子所表达的概念是否在真实生活中起作用，这并不重要，重要的是它在绘画中起作用。这种成就感是对孩子的一种莫大的激励。

## 讨论

绘画为家长和孩子之间的讨论提供了一个很好的基础。孩子的画摆在双方面前，父母可以让孩子给出解释和说明：

告诉我这是什么？

那里发生了什么？

这是干什么用的？

这是怎么发生的？

父母还可以将孩子的注意力集中到问题和空白处上：

我们怎样才能把大象放到机器上去呢？

如果小狗不想跑，会发生什么呢？

那样做不是让小狗很疼吗？

对画上的每一点，都可以进行一次思考性的讨论。家长可以建议如何克服困难，也可以告诉孩子一些价值判断。

如果孩子画出了一个盒子，然后说："所有的事情都发生在盒子里面。"那么，你可以要求孩子把盒子里面给画出来。

家长和孩子还可以讨论一些宽泛的概念和主意。孩子画出来的一般是实施某个概念的具体办法，很难看出孩子是先有了概念（比如，怎样激励小狗跑），然后才想到办法实施那个概念的，还是几乎直接想到了实施概念的具体办法的。在孩子的思考中，抽象的概念和具体的办法有可能同时并存。

父母可以把孩子的注意力引向概念，努力提炼出一个概念。然后，父母和孩子一起想办法实施那个概念。

我们现在要做什么？

我们还能用别的方式来做这个吗？

用这个办法来做，你看怎么样……

## 小结

让孩子用简单的线条画画，是培养孩子思考技巧的一种实用和有效的方法。这些画不是艺术画，而是描绘怎样做事的"功能性"的画，每幅画都展示了如何完成一个任务或解决一个问题。这个方法练习了孩子的操作技巧和设计技巧：你如何把事物组合到一起来达到你想要的效果?

　　作为思考的一种媒介，图画比语言具有更多的优势。语言是交流的媒介，图画则不受词汇量或社会经验的限制。

　　图画为家长和孩子之间的思考性讨论提供了理想的媒介，因为父母和孩子可以把焦点集中在图画上的任何一点。

## 绘画法的练习 ////////////////////////////////////////////////////////////

以下给出了一些用绘画法来解答的题目，你也可以自己增加题目。始终记住，题目必须是设立一项任务。

1. 你如何给一头大象称体重？（你可能是一个动物园管理员，你需要知道大象的体重是多少才能决定给它多大剂量的药。）

2. 设计一个检测汽车的机器。（以便汽车在出售之前被检测出所有的毛病。）

3. 找到一个新的办法来给高楼大厦清洗窗户。（窗户外面的那面玻璃都很脏。）

4. 你怎样设计出一辆更好的公共汽车？（公共汽车运载了很多人，但它提供的环境不是很舒适。）

5. 设计一个在水底下的房子。（以便科学家在里面可以看到鲨鱼和其他的鱼在游泳。）

6. 怎样以更快的速度修路？（修建一条新路总是旷日持久、费用高昂。）

7. 你怎样检测一座桥？（桥年久以后就会不安全，我们需要知道它是否还能安全使用。）

8. 你怎样阻止人们开车过快？（开快车常常引起交通事故和人员伤亡。）

9. 你怎样设计出一种更好的餐桌？（设计一个特别适合我们吃饭的桌子。）

10. 展示一种新的在海里捕鱼的方法。（已经有很多捕鱼方法了，你能想出一个新方法吗？）

11. 你怎样扑灭森林大火？（每年森林火灾都造成巨大的破坏。）

12. 你能设计出一种让人们在办公室里锻炼身体的方法吗？（人们必须工作，但也需要锻炼身体。）

# 最后的话

教你的孩子学会思考，这也许是你能为孩子做的最重要的一件事。孩子会在复杂的世界中逐渐成长，只具备知识信息、资历和专业技能是不足以应对复杂世界的，他们还必须能够对工作事业和个人生活进行独立思考，而且这些领域也需要他们进行大量思考。我相信，富于技巧的思考会使他们的收获更加丰富甜美。

教你的孩子学会思考，也是你能为社会和世界做的最重要的一件事。未来的世界既需要善于思考的专家，也需要善于思考的普通人。人们需要解决各种问题，需要考虑各种价值判断。仅有批判性思考是不够的，我们还需要建设性的、创造性的、富于成果的思考，还需要在争论和冲突中进行更好的思考。传统的对立性思维进展缓慢、浪费时间，其危害也与日俱增。

本书旨在提供一些思考技巧，这些技巧非常简单，一旦学会并使用这些技巧，你的思考将获得前所未有的改善。本书是基于多年的教学经验（教学对象既包括孩子也包括成人）而写成的。

我相信，思考是一种可以学习、练习并让人乐在其中的技巧。一旦我们把自我与思考分离开来，我们就会摆脱"我对你错"的陷阱羁绊，从而使思考变得乐趣无穷。

本书是关于"操作性"和思考技巧的。我认为社会从来没有对思考技巧和操作性给予足够的关注，传统的思考总是沉思性的、分析性的和批判性的，实际上，这些远远不够。

也许还能找到更好的方式来写作本书，我们总是可能指出错误并找到更好的方法。但最重要的是，即便不够完美，本书的实用性也是毋庸置疑的。本书运用的资料都经过了多年的实践，有多少次，一些坐而论道的专家指出思考技巧行不通，但多年的实践表明，思考技巧不仅行得通，而且非常有效。

我不指望读者记住并使用本书的每一个部分，实际上，读者哪怕只从本书中学会并运用了一两个思考工具或习惯，都会产生巨大的改变。在你的余生中，你会经常从本书中捡起一两个思考工具或方法来运用吗？

你可以回过头来反复地学习本书，并从中获取更多的思考工具。

思考不是智力和信息的替代品，也不是力求正确的一个过程，思考是一种可以改进的操作性技巧。不论你现在思考技巧水平如何，只要你愿意改进，你都可以获得改进。本书提供了一系列实用的步骤来帮助你改进思考技巧。目的地通常不会自动呈现在你的面前，你必须一步一步地走向目的地。如果你想成为一个更好的思考者，本书就为你提供了一些有用的步骤。

本书的附录还大体描述了一种供读者练习和享受思考的实用框架。

# 附录一：我们为什么需要对思考有新的认识

**信息和思考**

信息是非常重要的，信息很容易被传授，也很容易被检验。因此，大部分的教育都集中关注于信息，这一点都不奇怪。

思考不是信息的替代品，但是信息可以成为思考的替代品。

很多宗教信条都赞美上帝是全知全能的。当然，一旦具备了完全的信息，确实不需要再进行任何思考。

在有的领域，由于我们能够获得完全的信息，所以这些领域变成了常规性的事物，不需要我们对之进行任何思考。将来，我们还可以把这些常规性的事物交给计算机去处理。

但在信息不完全的情况下，我们必须借由思考来最充分地利用已有信息。即使计算机和信息技术给我们带来了越来越多的信息，我们也需要进行思考，以免被扑面而来的信息所淹没和迷惑。

在对未来进行决策时，我们需要进行思考，因为我们从来都不可能获得关于未来的完全信息。

要创造、设计、经营企业以及尝试任何新的事物，我们也需要进行思考。

当竞争对手获得了和我们一样的信息时，我们也需要进行思考，从而更加充分地利用已有信息。

因此，只拥有信息是不够的，我们还需要进行思考。然而，这里存在一个两难困境，即所有的信息都是有价值的，而每一条新信息都扩展了已知世界，其价值也在与日俱增。那么，我们怎样才能鼓起勇气少花点时间来传授信息，而多花点时间来传授思考技巧，从而充分地利用信息呢？显然，这里需要有一个平衡。

**智商和思考**

人们常常有一个认识误区，即把智商和思考当作一回事，这个认识误区导致教育界得出了以下错误的结论：

1. 对于那些高智商的学生来说，我们不需要再对他们做些什么了，因为他们自然而然地就会成为优秀的思考者。

2. 对于那些智商不高的学生来说，我们也不需要再对他们做些什么了，因为他们没法成为一个良好的思考者。

智商和思考之间的关系就像汽车和司机之间的关系。一辆再棒的汽车也有可能被驾驶得很糟糕，而一辆不那么好的汽车却有可能被驾驶得非常棒。汽车的性能只是汽车的潜力，同样，智商也只是大脑的潜力。汽车司机的技巧决定着如何驾驶汽车，同样，思考者的技巧也决定着如何运用智商。

我经常把思考描述为："在经验基础上运用智商的操作技巧。"

许多高智商的人常常对某一事物形成一个观点，然后运用他们的智商来捍卫那个观点。由于他们能够非常好地捍卫那个观点，所以他们从来不觉得有必要再去考察那个事物，或者聆听不同的观点。这是一种非常糟糕的思考，它就是"智商陷阱"的一部分。

设想一位思考者看到了情况，并迅速做出了判断。另一位思考者也看到了情况，但他先考察了情况，然后再做出判断。高智商的人的确可以非常完美地执行"看情况"和"判断"这两个环节，但如果缺乏"考察"这一环节，其思考就是非常糟糕的。

高智商的人往往善于从给定的信息猜出谜题或者解决问题，但他们不擅长处理那些需要他们自己去寻找信息并评估信息的情况。

最后，还存在一个问题，即自我陷阱。高智商的人一般都喜欢自己是正确的，这就意味着他们会花费大量的时间来攻击和批判对立的观点，而证明其他观点不正确是件非常容易的事情。同时，自我陷阱还意味着高智商的人不愿意去冒险考察，因为考察将使他们不确定自己是否是正确的。

当然，高智商的人也可能成为优秀的思考者，但这不会自动发生，他们同样需要培养思考的技巧。

### 聪明和智慧

在学校里，在猜谜游戏中，在测验中，在考试以及其他评估系统中，我们所有的焦点都集中在聪明上面。

一个聪明的年轻人可以在华尔街挣很多钱，但他的个人生活却可能一团糟。

聪明就像是一个聚焦镜头，而智慧就像是一个广角镜头。

我们对智慧的关注远远比不上对聪明的关注，这可能是因为我们觉得智慧是随着年龄和阅历的增长而增长的，智慧不可能被传授。然而，这是一种错觉。智慧可以被传授，本书的主要作用之一就是传授智慧。智慧在很大程度上依赖于感知，智慧的传授是一种感知的传授，而不是逻辑的传授。

### 思考一定就是困难的吗？

我们为什么总是给予人们一些非常困难的任务，以此来培养人们的思考能力呢？

显然，如果思考任务太过简单，不需要做出任何努力就可以完成，那么这一任务并不会给人们带来成就感，也不会让人们从中学到什么。

对于所有需要发展技巧的领域（网球、滑冰、音乐、烹饪等），我们运用一些中等难度的任务，也就是说，这些任务可以被完成，但是我们在完成它们时必须练习技巧。在完成任务的过程中，我们建立了自信，并且能越来越熟练地运用技巧。而几乎不可能完成的任务却会摧毁我们的自信，这也是为什么很多人最终放弃思考的原因。难以胜任的思考任务往往使他们倍觉乏味，显然，如果你不能完成任务，那么你在执行任务时就不大可能乐在其中。

我从不相信智力难题、猜谜游戏和数学游戏这些东西是教授思考的好方法。因此，本书的思考任务和思考练习的难度都不会太高。

此外，如果你能做高难度的事情，那么就一定也会做低难度的事情，这种想法也被经验证明是错误的。许多能够解决非常复杂的智力难题的人，往往表现出不太会处理一些较简单的问题。

## 怎样成为一个知识分子

知识分子的第一条准则就是："如果你没有太多内容可说，那就尽量把它变得复杂。"知识分子害怕简单，就像农民惧怕旱灾一样。如果没有复杂性，那还需要做些什么或者写些什么呢？

有一次，我曾经与一群教育者谈话，他们大多数都对我说："请把您的演讲做得复杂一点，以便让我们留下深刻的印象，但是，太复杂的演讲也可能不具备实用性。"

描述可以有无穷无尽的复杂性。如果你愿意的话，你可以把一支简单的铅笔分为十个部分，然后去描述所有的十个部分以及各个部分之间的相互关系。一旦你掌握了一大把概念，你就可以编排出最复杂的舞蹈。文字游戏也可以具有无休止的复杂性。

你可以对事物的复杂性以及评论者的评论做出评论，然后，这个过程就会开始自我复制。很快地，评论变得比创造力更加重要，而我们也把这称为"学问"。

一些只对实用结果感兴趣的人发现这个做"学问"的过程既不吸引人也毫无必要，于是，他们把"知识分子"与"思考"等同起来，并终止了自己的思考。这真是令人遗憾。

即使你不做知识分子，也完全可以成为一个思考者。实际上，很多知识分子还算不上是优秀的思考者。

## 反应式思考与积极性思考

在学校里，把作业本、教科书、测验题摆在学生们面前是非常有用的，这实际上是要求学生们对摆在他们面前的东西做出反应。正是出于这些实际的理由，学校里几乎所有的思考教学都是"反应式"的。

"这里有个东西——你对它怎么看？"

你很难要求学生走出校门自己去创建一个事业，也很难要求学生去解决一个真正的问题或者从事一个真正的项目。在学校教育系统中，这些做法都不太现实。

知识分子做学问的传统模式也存在这种反应式的思考：我们如何对已

存在的事物产生反应呢？

但是，学校教育并不能满足于这种自行其是的游戏，现实生活还包含着大量的"积极性"思考。这意味着，我们应该走出去并实际地做事情。所有的信息并不是给定的，你必须去寻找信息。有些事物并不会直接摆在你的面前，如果你只是坐在椅子里干等，那么什么也不会发生。坐在餐厅里享用摆在面前的菜肴，这当然是一件再容易不过的事。但是，出去购买食物（甚至亲自种植）并把它们做成美味的菜肴，那就是另一回事了。

积极性思考不像反应式思考那么容易掌握，这并不是学校教育的过错。但是，向学生建议反应式思考就已足够，这却是学校教育的一大错误。

## 新单词"操作性"

每个人都知道"文学性"和"数字性"这类词语的含义。我在几年前发明了"操作性"这个单词，来涵盖"做事情"的所有技巧。

在教育中有一种迷信，即认为只要"知道一切"就足够了。如果你具有完全的知识，那么行动就是显而易见并且简单易行的。如果你拥有一幅详尽的地图，那么出门也是非常容易的。

但现实世界完全不同于此。根据我多年来与企业界和政府共事的经验，"做事情"一点儿也不简单容易，做的过程包含了大量的思考，"跟着感觉走"和"凭经验做事"早已不足以应付现实世界的需求了。

在现实工作和生活中，我们需要与人相处，需要做出决策，需要设计战略并监督战略的执行，还需要制定计划并实施计划。现实中存在冲突、讨价还价、谈判和交易，我们还必须评估价值和总结经验。所有这些都需要大量的思考，所有这些都需要高度的操作性。

在一个竞争激烈的世界，任何一个不注重操作性的工商业团体必将落伍。而对个人来说，不掌握操作性技巧的青少年也将无法走出校门面对世界。

操作性包含了思考的这些方面：其他人的观点，首要因素，目标，选择，结果，猜测，决定，解决冲突，创造力，以及一般的信息分析通常没有涵盖的其他很多方面。这些方面都属于"积极性"思考，而不属于反应式思考。

## 批判性思维

西方的传统思维强调批判性思维，这部分是因为古希腊人的思维方式经由文艺复兴而获得了重生，部分是因为中世纪教堂的经院学者们需要用批判性思维来攻击宗教异端。

批判性思维只在两种社会状态中倍显珍贵。一种是非常稳定的社会（比如古希腊社会和中世纪社会），在这种社会中，任何一个意味着变化的新观念或外来事物都需要得到批判性的评估。另一种是处于嬗变边缘的社会，这种社会富于各种建设性和创造性的观念和力量，因而需要运用批判性思维在各种新兴事物中进行挑选。

可惜的是，今天的社会并不属于这两种状态。当今社会极度需要变化和革新，但我们显然缺乏新的观点和创造性的力量。

想象一个由六位批判性思维者组成的团队，他们聚在一起讨论如何解决当地的污染问题。在有人提出某个实际建议之前，他们中没有一个人能够运用自己受过良好训练的头脑。其中原因在于，批判性思维是一种"反应式"思考，必须要先有事物存在，然后才能对它进行"批判"。但是，这个先存在的事物又从哪里来呢？事实上，所有的建议和提议都来自于建设性、创造性和生产性的思考。

如果我们训练一个人避免思考中的所有错误，那么这个人会成为一个优秀的思考者吗？根本不会。如果我们训练一个司机避免驾驶过程中的所有错误，那个人会成为一个优秀的司机吗？不会，因为那个人完全可以把车停在车库里从而避免所有可能发生的错误。只有当汽车正处于实际运行状态时，避免驾驶错误才是有意义的。同样的道理，只有当我们已经具备了建设性和创造性思维时，批判性思维才是有价值的。

这是应该非常严肃强调的一点，因为许多学校都认为只教授批判性思维就足够了。他们之所以这样做，是因为批判性思维符合学校教育一贯强调的反应式思维以及我们对思考的传统观点。

我并不是说批判性思维不重要，无疑，它在思考中占有宝贵一席，但是，它只是思考的一部分。就像我们说轮子只是汽车的一部分一样，这并不意味着否定和攻击轮子本身的价值。

"批判性思维足矣"这种想法具有很多危险。我们最好的头脑资源将被锁定在批判性思维模式上，因而无法培养出社会最需要的建设性和创造性思维技巧。学校教育也不会付出时间和努力来教授建设性和创造性思维，因为学校已经被假定教授了学生所需要的"思维"。批判性思维还会导致一种危险的傲慢与自负，因为人们通常认为只要避免了错误，思考就是绝对正确的，而不论这种思考本身是否建立在不充分的信息或感知的基础上（我稍后会再谈到这一点）。一味使用批判性思维技巧，而不同时结合创造性和建设性思维技巧，会使我们更加难觅新创意的芳踪。毕竟，批判比创造要容易得多。

## 对立性系统

在美国，平均每 350 个市民拥有一位律师。

在日本，平均每 9000 个市民拥有一位律师。

对立性系统是西方传统思维的基础，它来源于西方批判性思维的习惯，以及通过针锋相对的辩论来寻找真相的过程。

争论和辩论被视为考察事物的正确途径，因为争辩双方都被激发起来了。然而，争辩开始之时正是考察失效之时。争辩中的一方会提出为另一方所赞同的观点吗？

"我是对的，你是错的。"

对立性系统是政治、法律、科学（在某种程度上）和日常生活的基础，但它是非常有限、漏洞百出的。（在我的另一本书《我对你错》里，对此进行了更充分的考察。）

争辩常常使冲突的情况变得更糟。要解决冲突，往往更需要的是一个"精心设计"的积极结果，而不是对争辩双方的仲裁。

## 挑战和反对

"为什么我必须早上起床？"

"为什么我必须要打领带？"

"为什么我非得上学不可？"

对很多人来说，"思考"意味着挑战、反对和争论，这也是为什么许多政府、教育机构甚至父母常常反对教授思考的原因，他们把思考视为无休止的扰乱、反对和争论。在过去，很多反对思考的老观点都是这么认为的。

然而，如今CoRT思维训练课程已经在许多具有不同文化和不同意识形态（天主教、新教、伊斯兰教等）的国家得到了广泛运用，这是因为CoRT思维训练课程是关于创造性思维的，而创造性思维显然不同于挑战性和反对性思维。事实上，很多国家的政府把创造性思维的教学视为对挑战性思维的最好预防，因为对那些精力旺盛但没有受过思维训练的年轻人来说，挑战性思维通常是最易养成的。

挑战性思维与批判性思维和对立性思维密切相关。人们常常感觉到，只要提出反对或者挑战，那么另一方自然就会把事做好。挑战父母、希望父母满足自己的小孩就是这种想法。

反对是有效的，而且还在很多领域效果卓著，比如，呼吁对生态环境予以关注、阻止对鲸鱼的猎杀、妇权运动、保护少数民族的权利、要求设计出更安全的汽车，等等。反对有助于去除不公正，有助于引起人们对某个事件的关注。在只需要去除错误的情况下，提出反对就可以了，但在需要进行创造性和建设性思考的情况下，仅仅提出反对是不够的。

但是，挑战也可以是积极性的，没有挑战，我们就永远不能摆脱旧的观念、发展出新的观念。这种积极性的挑战是创造性思维的一部分。

在消极性的挑战中，我们攻击既有的观点，要求对方要么为这个观点进行辩护，要么做出改进。

在积极性的挑战中，我们承认既有观点的价值，然后创造出一个新的观点，并把它与旧观点摆在一起。接着，我们努力展示出新观点有哪些优点和好处。

传统的革命是消极性的，它总是先定义和描述出敌人，然后努力推翻敌人。然而，现在是时候开展新的革命了，在新的革命中，我们不再有任何敌人，有的只是可以帮助我们将事物变得更美好的各种思维结构。

## 需要正确

如果你解出一道数学题并获得了正确答案，你就停止了思考，这时，你正确得不能再正确了。但是真实的生活并非如此，你获得了一个看起来"正确"的答案，可你要继续思考。你之所以还要继续思考，是因为通常还存在一些更好的答案等待你去寻找。这些答案可能给你带来更低的成本，更少的污染，或者使你更人性化，更具有竞争优势，等等。

我们的自我非常需要感觉到自己是正确的，在西方文化里，这也是争论和对立性系统的基础。由于自我的作祟，我们不愿意承认失败。结果，我们的思考虽然在攻击和防御方面长袖善舞，但却丝毫不具建设性。

理论上，每个人应该乐于输掉争论，因为这样可以使你在争论结束时的收获比在争论开始时更多。

在会议上，每个人都希望自己的主意是最出类拔萃的，而不论这个主意是不是最好的，这是因为每个人的自我在作祟。由于这个严重的自我问题，学习思考的一个重要部分就是掌握一些使思考摆脱自我的技巧。在本书中，我告诉大家这样的一些技巧（比如六项思考帽技巧）。

## 分析和设计

分析在我们的思维传统里是如此重要的一个部分，以至于我们的整个教育系统几乎都旨在培养学生的分析能力。

无疑，分析是思考的重要组成部分。正是通过分析，我们才得以把复杂的情况分解成能够处理的各个部分，正是通过分析，我们才能找到问题发生的原因，并去除掉那个原因。

对于批判性思维，我们要质疑的问题不是分析有没有用，而是分析是不是已经足够。如果我们现在的机动车只有两个轮子，而且每个轮子的功能都很棒，那么这就够了吗？

如果你坐在一个尖锐的物体表面上，经过迅速的分析，你会去除掉引起你不舒服的原因，从而解决问题。很多问题都可以通过找到并去除掉原因来解决，但是还有很多问题是无法找到原因的，或者问题的原因层层叠叠、关系复杂，或者即使我们找到了原因（例如人性中的贪婪），也无法去除掉它。

正因如此，我们在处理诸如药物滥用、第三世界的债务、环境污染、交通堵塞等问题时，常常捉襟见肘。要解决这类问题，仅仅靠分析是不够的。可惜，那些在政府和其他机构里的工作人员大多只受过分析性思维的训练。

正如很多问题需要分析一样，也有很多问题需要"设计"。正是经由设计，我们才创造和建立了新的解决方案。设计性思考使我们把事物组合成我们想要的，设计并不是去除掉产生问题的原因，而是创造出解决问题的方案。

然而，我们的教育对设计性思维、创造性思维和建设性思维所给予的关注少之又少。设计被看作是建筑家、形象艺术家和时尚设计师的事情，但设计其实是思考的一个基本的而且非常重要的部分，设计至少和分析一样重要。凡是需要把事物组合起来以达成一定效果的思维，都属于设计。

西方的思维传统关注的是反应式思维、分析、批判性思维、争论和对立，因而设计在思考中的基础性和重要性完全被忽略了。

## 创造性思维

任何自我组织的系统都绝对需要创造力。所有的证据都显示出大脑就是一个自我组织的神经系统。创造性思维显然是思考的一个重要组成部分，它关系到我们对事物的改进、设计，对问题的解决、改变，产生创意，等等，为什么我们一直没能对它给予严肃认真的关注呢？

有两个原因导致我们忽略了创造性思维。第一个原因是我们认为自己对创造性思维无能为力。我们把创造性思维视为只有某些人才拥有的天赋，除了培育那些看起来有天赋的人以外，我们还能对创造性思维做些什么呢？

第二个原因是我们忽略了创造性思维本身其实是非常有趣的。每一个有价值的创意在事后看起来必然是合乎逻辑的，若非如此，我们也就不会明了其价值了。因此，我们只能辨识那些事后看起来合乎逻辑的创意，而其他的创意就只能是疯狂的想法而已。有的疯狂想法也许能够在以后被我们慧眼识珠，但有的可能永远只是痴人说梦。

于是我们假设：既然创意在事后看起来是具有逻辑性的，那么从一开始产生创意的时候，也必然要运用逻辑。因此，我们并不需要创造力，只需要更强的逻辑能力。

这种假设完全错了。直到近年来，我们（实际上是从事这一领域的一小部分人）才认识到：在大脑这一自我组织的系统里，事后看起来符合逻辑的创意在事前却是无法看出其逻辑性的，其根源在于大脑思维模式的不对称性，而幽默正产生于这种不对称性。

我们的传统思维习惯于处理外在的信息组织系统（根据逻辑规则前进），所以未能看到这一点。

那些鼓吹创造力的人也同样产生了误解。这些人认为每个人都具有创造力，只不过被压抑了而已。这种压抑来自于以标准答案来衡量一切的学校教育，来自于人们在生意往来和职场生涯中害怕犯错或者害怕显得疯狂。因此，只要处于自由状态，去除掉这些压抑和束缚，我们就能将自然的创造力解放出来。这就是头脑风暴以及其他类似做法的基础观念。

遗憾的是，创造力并不是大脑的自然能力。大脑旨在将经验自我组织成一定模式，然后再运用这些模式。所以，让人们处于自由状态，只能稍微增加一点创造性（这是由于摆脱了束缚的缘故）。

如果我们想更加具有创造性，那就必须发展特定的思考技巧。这些技巧构成了我所说的"水平思考"的一部分。这些技巧都是人为的技巧，包括一些看起来非常不合逻辑的激发方法，但这些方法在模式系统中是完全合乎逻辑的。

## 逻辑和感知

每个人都知道逻辑是良好思维的基础，但果真如此吗？

糟糕的逻辑导致糟糕的思考，这是显而易见的。那么，良好的逻辑就会产生良好的思考吗？可惜，两者之间没有必然联系。即使是刚刚入门的逻辑学家也知道，再好的逻辑也受限于它的前提和感知。每个逻辑学家都知道这一点，但是他们中的很多人又会很快忘记这一点。

你的计算机出了错，不论你输入什么，它最后输出的都是垃圾，只要纠正了错误，那么计算机马上就可以完美地运行。如果你输入好的数据，它就输出好的答案；如果你输入不好的数据，它就输出不好的答案（尽管你可能没有意识到这个答案不好）。逻辑也是如此。就像计算机一样，逻辑是一个服务于信息和感知的机制。因此，当逻辑出错时，我们应该迅速指出，但当正确的逻辑得出了结论时，我们却不要急于接受这个结论，因为我们的感知是有限的、不足的。

我可以说，85％的日常思考都是一种感知。很多思考的错误都来自于感知的错误（比如视野狭窄等），而不是逻辑的错误。感知是智慧的基石，而逻辑在技术性事务，尤其是数学一类的封闭系统中十分重要。

感知对于思考来说是如此重要，但是很奇怪，我们却一直坚信逻辑才是思考的基石。这种误解来自于我们反应式思考的习惯。你将事先准备好的感知和信息摆在学生面前，然后请他们做出反应。既然感知已经被提供了，那么逻辑显然就是很重要的因素了。但在真实的生活中，我们却必须自己去形成感知。

逻辑和感知都很重要，就像引擎和轮子都很重要一样。但是，如果我非得在两者中择其一，那么我宁愿选择感知，因为大量的日常思考都有赖于感知。同样，你也可以技巧熟练地运用感知。但是，贫乏的感知与技巧熟练的逻辑推理相结合，将会是一场灾难。

在实践中，逻辑和感知是相互缠绕、紧密联系的。

本书要强调的是感知，因为感知才是智慧的基石，而感知也恰恰是最易被忽略的一个部分。

## 情感、感觉和直觉

和大多数人认为的相反，情感、感觉和直觉在思考中实际上扮演着非常重要的角色。

思考的目的是在头脑中安排世界，然后再有效地运用情感。最后，是情感在左右着我们做出选择和决定。

关键的一个问题是：我们什么时候运用情感和感觉呢？

有的人认为，内心的情感才是行动的唯一真正的指引。这些人怀疑逻辑，因为他们觉得逻辑只是用来对任何一件事物进行证明的（在选择好你的感知和价值判断时，也的确如此）。对他们而言，真正的情感是神圣不容置疑的。这种看法是危险的，因为真正的情感可能既是错误的，也是不足的。在历史上，人类很多不人道的行为都是基于当时当地的真实情感。

然而，如果我们通过多角度看待问题等方法来发展自己的感知，然后再运用我们的价值判断和感觉，那么结果就会好得多。

逻辑和争辩无法改变感觉，但是感知却能。你在假期中遇到了一个陌生人，他帮了你不少忙。接着，有人告诉你他可能是一个骗子。结果，通过这一新的感知，你重新看到这个人时就会产生不一样的感觉。

以往的教育总是让我们在思考时排除情感，但与此相反，我们必须找到某种方法让情感和感觉在思考中扮演正确的角色。在这本书里，我介绍了这样一些方法，例如六顶思考帽里面的"红色思考帽"。

直觉在思考中确实扮演着重要的角色，可是光坐在椅子里什么事也不做，专等着直觉自动前来效劳，这也是危险的。有的时候，直觉会导致致命的错误，尤其是在你处理不确定的事件时。但无论如何，和情感、感觉一样，直觉在思考中也当扮演应有的角色。

## 小结

在这一部分，我旨在澄清人们通常对思考所具有的一些误解。我们需要信息，但是我们也需要思考。思考不仅仅关系到人的聪明，也不仅仅意味着难题的解决。智慧比聪明更加重要。

传统的思考将所有的重点都放在了批判性思维、争论、分析和逻辑上。这些因素的确重要，而且我也不希望自己写的任何东西会改变人们对它们的看法。但是，这些因素只是思考的一部分，把它们看作思考的全部是危险的。除了批判性思维，我们还需要创造性和建设性思维；除了争论，我们还需要考察；除了分析，我们还需要设计的技巧；除了逻辑，我们还需要感知。

过去，我们一直关注的主要是反应式思维：对摆在面前的事物做出反应。但是思考还有另外一面，这个（在反应之前的）另外一面需要我们走出去、采取行动，并促使事物的发生。这就需要"操作性"的做事技巧，需要创造性、建设性和生产性的思维。

很多思考的风格都是消极的：挑战、攻击、批评、争论、证伪，等等。这难道是我们获取进步的唯一途径吗？我们还能通过别的更具有建设性的途径来获取进步吗？我相信我们能。

创造性思维非常重要。我们将会看到如何有意识地进行创造性思维，而不是坐等灵感的到来。

情感和感觉在思考中扮演着重要的角色。我们需要做的不是在思考中排除掉它们，而是在恰当的时候运用它们。

最后，智商是一种潜力，为了充分利用这种潜力，我们需要培养思考技巧。没有这些技巧，潜力永远得不到开发。

# 附录二：思考俱乐部

思考俱乐部作为附录，与本书的其他内容是分开的。没有人必须成立或者参加思考俱乐部，思考俱乐部是为以下想利用它来进一步练习思考的人提供的：

1. 想在更加正式的环境中学习本书、培养思考技巧的一个家庭或者多个家庭。

2. 学习了本书，但是认识到不经过练习本书提供的思考技巧就发挥不了作用的人。这些人可能还想进一步巩固和发展思考技巧（运用我的其他一些资料）。

3. 已经喜欢思考并且希望有机会把它当作一种爱好（就像爱好运动一样）来施展的人。如果有一定的场所、时间和其他人的参与，这些人就有了大显身手的机会。

4. 知道无法靠自己的力量来维持纪律，从而学习和练习思考工具的人。如果处在一个团体里面，这些人就会觉得学习有乐趣。

5. 希望给会议提供良好的思考基础和目的，以免会议沦为无效率的闲谈的人。

## 思考俱乐部的目的

成立或参加思考俱乐部的人都怀着各式各样的目的，但主要有五个目的：

1. 以有意识的方式学习和发展思考技巧，将思考作为一种技巧直接学习。

2. 有特定的机会来练习思考技巧，亦即为了改进技巧，防止技巧生疏，把思考当作一种运动爱好来加以享受。

3. 运用思考技巧来解决问题，完成任务和项目。这些问题和任务可能是个人生活中的，可能是实际工作中的，也可能是宏观抽象的。不论是思考技巧的练习还是练习的结果，都具有实际意义。

4. 找一个理由来和其他人聚会。思考提供了一个有趣的、积极的交流方式，但和礼貌的谈话不同，思考俱乐部提供了讨论的框架。

5. 以思考俱乐部为基础，说服其他人思考是乐趣无穷的技巧，是每个人都可以学习的技巧，建设性和创造性思考在未来的世界将非常重要。

## 思考俱乐部的活动

我们稍后会具体介绍思考俱乐部的活动，但基本来说，这些活动包括：

1. 学习思考技巧。
2. 练习思考技巧。
3. 对特定的项目应用思考技巧。
4. 对个人生活中的事情或本地发生的事件应用思考技巧。
5. 思考和讨论大事件。

不同的思考俱乐部由不同的成员组成，不同的成员又有不同的动机，因而对以上活动就有不同的侧重。例如，由年轻人组成的俱乐部可能更多地练习思考技巧，由公司职员组成的俱乐部可能想把思考技巧应用到特定的项目上，由高层人士组成俱乐部可能更喜欢思考和讨论世界大事。

## 原则

一般来说，本书前面提出的优秀思考者应该遵循的原则，也适用于思考俱乐部。这些原则是一样的。但在这里，有五项基本原则值得声明：

1. 思考必须以建设性的方式进行。
2. 思考必须以操作性（做事技巧）和有效性为宗旨，思考俱乐部的目的不是进行复杂的原理探讨。
3. 要对发展和改进思考技巧有直接的兴趣，思考俱乐部不是让你证明你多么聪明或者赢得辩论的地方。
4. 思考始终要有乐趣。思考不能太过复杂，也不能产生过多的情绪压力。

5. 思考俱乐部必须以我的思考方法为基础。这一点很重要，因为把不同的思考方法混合起来，会产生很大的困惑和混淆（即便其他人的方法也有优点）。一项运动如果有太多的教练，肯定会一团糟。

根据不同的原则来经营不同的俱乐部，这是可以的，任何人都有自由这么做，祝你好运！我在这里只是提出我的建议而已。

## 有关事项

这里提供的建议仅供参考，可以根据具体情况和俱乐部的性质修改这些建议。

### 1. 纪律

由于思考是自由自在、漫无边际的，所以纪律就很重要。没有纪律，俱乐部很快就会变成一些人相互辩论争吵，从而希望借此给别人留下深刻印象的地方。如果俱乐部的人所希望的正是如此，那他们完全可以乐在其中，但这并不是我所指的思考俱乐部。

主要的纪律是关于时间和思考焦点的。如果有严格的时间限制，大脑就会变得有节制，时间纪律意味着思考的起止时间是一定的，它要求对思考练习进行计时，要求时间一到就必须停止讨论。

多年的经验表明，思考的时间纪律可以使人们思考得更多更快。没有时间限制，人们的思考就会散漫，甚至演变成无谓的争论。

不偏离焦点的纪律也很重要，这意味着清楚地定义出思考任务、思考工具或练习。不偏离焦点的纪律要求你清楚地知道自己正在做什么，并且将要做什么。这看起来也许令人窒息，但其实不然。如果你知道自己要做什么，你就会自由而有效地思考怎样来做。如果你不知道自己要做什么，你就会变得茫然无效率。很多时候，我们错把茫然当成了自由。

### 2．会议时间

任何一次会议都不要超过三个小时。

会议的时间可以是一个小时、两个小时或者三个小时，这完全取决于俱乐部成员及其对时间安排、其他需求的考虑。

有些会议时间可以比较长，有些可以比较短，但应该在会议举行前就说明白。

在会议的工作部分（即思考练习部分）结束后，可以安排出社交时间，这一部分的时间则没有时间限制，但是不要把两个部分混在一起。

### 3．举行会议的频率

我个人建议两周举行一次。如果会议时间较短，而且是在一个家庭内举行，那么最好是一周一次，以便更好地培养思考技巧。如果俱乐部的人来自很远的地方，可能只有安排一月一次了。

会议应该在固定的时间（星期几和几点钟）举行，这一点很重要。根据成员情况而随时变更会议时间的俱乐部，大部分最后都解散了。在任何情况下，下一次会议在什么时间举行，应该在本次会议结束的时候就明确地告知大家。

### 4．组织者

俱乐部能否成功地维持下去，大部分取决于俱乐部组织者的精力和能力。组织者必须拥有大量的精力和时间，并且具备相当的与人交流的能力和组织能力。组织者不一定非得是优秀的思考者，也不必是思考技巧掌握得很好的人。如果有必要，一个外行人也可以组织会议的实际步骤。

俱乐部有一个组织者就够了，不断地更换组织者并不是个有效的办法。可能的话，组织者可以建立一个委员会来分担一些工作。

任何人如果和组织者处不来，那个人就可以离开俱乐部，或者另外成立一个俱乐部。讨论和交换意见是很重要的，但是过多的政治斗争和争辩分歧会使俱乐部一事无成。

### 5．会议举行地点

一般来说，会议应该在某个人的家里举行，偶尔也可以换别的地方举行。会议可以在每家轮流举行，在这种情况下，组织者就应该和举行会议的下一家一起工作。

### 6．会议人数

会议人数没有绝对的限制，但有实际的限度。要一个团体运作最有效，人数最多应该为六个人。如果人数超过这个限制，那么会议就会花费大量的时间来听取每个人的思考结果。如果有八个人，最好分成两组，四人一组。如果有十二个人，则分三组，四人一组。一个俱乐部应该最多有十二个人，如果超过这个人数，最好是设立分支俱乐部。

如果某个人连续三次缺席会议，这个人就应该被开除出俱乐部（除非这个人住院或者外出很长时间）。可以邀请新的成员作为客人出席两次会议，然后，俱乐部一起讨论是否愿意接纳这个人成为团队的一员。这是一种公开的讨论，而不是秘密投票。

### 7．记录簿

应该有正式的记录簿来记录每一次会议。不必由组织者来记录，俱乐部的任何一个其他成员都可以负责记录。记录簿里的每一次正式记录都应该不少于 250 个字，不多于 500 个字。

记录内容应该包括日期、时间、会议进程以及出席人员的名单，应该列出会议所使用的思考技巧，没有必要列出练习题目，但严肃认真讨论的题目可以列出。思考的问题或任务应该清楚地定义出来，没有必要记录思考步骤或思考结果，除非有特别突出的主意出现。

如果是运用思考技巧来解决严肃的项目或当地事件，所做的记录应该像项目或文件，而不是一般的记录模式。用一个手提录音机来帮助记录"严肃"思考的结果，这是一个有用的办法，你可以稍后根据录音做出简化的记录。

### 8．俱乐部会议中的活动

我在这里列出一个理想会议的框架，应该尽可能地采用这一框架。运营俱乐部存在的最大危险是：在成员们发生一次激烈争吵以后，俱乐部就作鸟兽散，成员们再也不来了。一开始，人们也许不喜欢这个严谨的框架，但是随着时间的推移，他们会认识到它的价值，因为它可以使人们练习并喜欢"思考"。

#### （1）正式开始

读出上一次会议的记录报告，帮助上次没能出席会议的人传达歉意，介绍客人，说明即将进行的活动安排。

时间为 5 分钟。

#### （2）思考任务目录

我们将要思考什么？

不容易找到事物来进行思考。本书提供的一些练习题目可供大家思考，并可以用它们来练习最近学到的思考技巧。

在每一次会议的开始部分，都可以让俱乐部成员建议思考题目、思考任务、思考问题，等等。这些建议应该被记录下来，并整理成一个目录。可以鼓励俱乐部成员在平时想一些思考题目，这些思考题目可以包括：

练习题：这是专为练习思考技巧设计的题目。记住，这些题目要有趣，而不要太严肃。也可以提出一些生僻的题目。

关于个人的事务：这是成员个人（或其朋友）遇到的问题、任务和困难，这些是真实生活中的问题，可以作为旁观者提出："我有一个朋友，他遇到了这样一个问题……"也可以直接提出："我遇到了一个问题……"如果这个成员急需解决问题，那么他提出的问题就应该马上得到考虑，而不是记录到目录里面去。

当地的事件：这是和当地社会有关的事件，这种题目使得思考变得更相关、更有趣。一个当地的事件也可以发展成一个项目。

项目：这是特定的项目，而对项目进行思考的结果一般会付诸行动。项目可以是本地的项目，比如为慈善机构募款，帮助差等生，反对环境破坏，等等。如果找不到别的项目，可以每两个月组织一次派对，人们在派对上的相互交流可能会产生出新的项目。同时，在解决现行项目的过程中可能会出现新的问题，这个问题也可以被提出来以供大家思考和讨论。

**世界大事：** 这些是世界范围内发生的事件。这些事件可能包括吸毒、温室效应、失业、住房紧缺、地区冲突、种族歧视、争取平等权利、艾滋病治疗，等等。

时间为 10—15 分钟。

（3）技巧学习和练习

这是会议中最重要的一个部分。可以从本书中学习一个思考技巧。俱乐部成员人手一本书，然后自行学习这一技巧。可以举行简短的讨论，看看每个人是否明白了这个技巧。如果成员中有小孩，小孩的父母或其他成人可以直接教小孩这一技巧。

学习完以后，立刻练习技巧。应该用特定的题目来练习每一个技巧，练习题目通常让每个人独立做，也可以分成小组，小组成员一起讨论，并在最后提出思考结果。练习一个题目的时间一般为 2—4 分钟。如果可能的话，应该至少练习五六个题目。

要学习不同的思考技巧，练习是非常基础、关键的。对于技巧培养来说，每个人或小组提出的思考结果并不重要，但从激励的角度来看，思考结果就很重要。如果你对某件事物进行了思考，你就会希望别人聆听你的思考结果，但注意，在聆听时，不应该就某个点进行争论或讨论，不然的话，就会浪费大量的时间。做五个练习并得出简短的结果，比做两个练习并得出冗长的结果要好得多。

时间为 30—45 分钟。

（4）评价思考技巧

学习和练习完思考技巧之后，就可以对这一技巧进行讨论，讨论的目的是强化对技巧的学习。

① 确定每个人都明白了这个技巧。

② 讨论技巧的用处。

③ 检查技巧的应用。

正如我在别处指出的，这些讨论应该是建设性的："我能从中获得什么？"因为人们往往倾向于找出技巧的缺点（因为在评估中他们已经被要求找出优点和缺点），而这些缺点哪怕很小，也会影响人们对技巧的印象，从而减少技巧的有用性。以木匠为例，我们可以说锯子锯出来的木头边缘很锋利，或者凿子有可能滑落并割伤你的手，但是，总体而言，锯子和凿子都是很有用处的工具。

时间为15分钟。

**（5）将技巧应用到个人事务中**

这是一个很好的机会，俱乐部里面思考技巧娴熟的成员可以提出建议，从而帮助其他成员解决其个人问题或任务。提出问题时可以以第三者的身份："我有一个朋友遇到了这样的问题……"也可以直接说出："我的问题是这样的……"

人们不要期望奇迹由此发生，这一点很重要。另外，这一部分也不要超过规定的时间。

练习的题目可以来自目录，也可以是成员刚刚提出来的问题。

对题目的考虑应该始终保持为对特定技巧的练习，而不要变成如何帮助成员的讨论。

时间为20—30分钟。

**（6）将技巧应用到本地事件上**

这里用于练习的问题或任务可以来自于目录，也可以是成员新提出来的。本地事件就是发生的影响本地社会的事件，这种事件比只影响个人或家庭的事件大，但是比影响整个社会和国家的事件小。

问题与思考者的相关性很重要，这意味着必须慎重地考虑相关的人、价值判断和影响。在思考中，成员们有可能发生分歧。

在这里，当地的问题（或者任务、设计）只供思考。如果成员们决定对当地事件做些什么，那么这个题目就变成特定的项目了。

很重要的一点是，应该清楚明白地表达出思考的结果或结论。

时间为20—30分钟。

**（7）项目报告和思考**

对项目进行思考的结果必然会付诸行动。

由于思考俱乐部强调的是操作性和有效性，所以应该找一些项目来进行练习，否则，思考活动就变成了讨论、辩论和沉思。

一开始，应该选择小一些的、可以立刻看到结果的项目。随着自信逐渐建立，技巧日渐娴熟，就可以换一些更大的项目练习。

每个项目都应该有一份项目文件，这个文件和其他情况下所运用的记录簿不同。

应组建项目团队来处理项目，团队应该包括一个项目领导和几个成员。

处理项目时可以做以下几件事情：

① 讨论和挑选项目。

② 思考如何执行项目。

③ 报告项目的进展。

④ 定义新出现的焦点和问题，并对之进行思考。

所有对项目的思考不必全在俱乐部会议上进行，项目团队的成员可以在其他时间碰面另行思考。

当没有其他项目可做（即便有项目可做）的时候，应该每两个月举办一次派对，在派对上的交流可以引出不同的项目。还可以邀请俱乐部以外的客人来参加派对。

### （8）世界大事

将思考技巧应用于世界大事，这些大事不大可能是俱乐部成员能够解决的。但无论如何，将思考技巧应用于这些事件的处理也是有用的。这些世界大事可能包括：第三世界的债务问题，热带森林被燃烧，贸易保护主义，移民问题，能源节约问题，电视节目对政治选举的作用，教育危机，中心城市的衰落，等等。

作为练习用的世界大事可以来自于目录或时事新闻，例如，你可以拿出当天的报纸，然后挑选出一件世界大事。

在练习时，应该有意识地运用思考技巧，而不要把练习变成相互交流意见。值得警惕的是，对世界大事的讨论也很容易退化成不经思考的高谈阔论。

时间为20—30分钟。

（9）最后的事项

告知一些有关会议组织的细节（比如下次会议的时间、地点等），以及其他事项。

时间为 5 分钟。

## 总时间

这里给出的总时间最少是 150 分钟（两个半小时），最多是 210 分钟（三个半小时）。

以下方法可以减少一些时间：

1. 没有必要每一次会议都开展所有的活动。如果会议时间安排得较短，可以每次进行不同的活动，比如，这次讨论当地事件，下次讨论个人事务，等等。

2. 安排给每个活动的时间可以缩短。我在前面所建议的时间是供较长的会议参考的，每项活动实际上可以只安排五分钟。

唯一不能缩短时间的活动就是学习和练习思考技巧的活动，这一活动的时间永远不能少于 30 分钟。在较短的会议中，"评价"这一活动的时间可以缩短，甚至可以完全省略。

例如，在一小时的会议中，会议活动可能包括正式开始（5 分钟），学习思考技巧（30 分钟），将技巧运用于某个事项（10 分钟），项目思考和报告（10 分钟），会议总结及有关通知（5 分钟）。

很重要的一件事就是，事先明确安排好会议的时间和进程，这比临时决定要好得多。不要害怕在时间到的时候就终止思考，即便当时思考的是重大事件也应该这么做。

## 资料

本书为思考俱乐部提供了一些基本的思考技巧的资料。每次会议应该只练习一个思考技巧或工具，实际上，每个技巧用两次会议来练习更好，如果技巧比较复杂的话，还可以举行更多的会议来练习。做完本书的练习之后，你可以进入更全面的 CoRT 思维训练课程的学习，那里有更多的练习资料。

每个俱乐部都应该建立自己的思考任务和思考项目的"目录"。在适当的时候，不同的思考俱乐部还可以合作建立一个更大的"目录"。

即使只学习几个思考工具并有效地运用它们，也比阅读大量的资料要好。重要的不是理解思考的过程，而是能够运用思考的"技巧"。

## 培训

合适的时候，可以组织特殊的培训来帮助那些想建立思考俱乐部的人。德博诺思维训练在全球都有专业的培训讲师及培训机构提供思维课程培训，在中国也设有德博诺的分支机构，访问德博诺中国机构网站可了解有关企业项目和少儿项目的培训。

## 小结

思考俱乐部提供了一个正式的和持续的组织结构，从而使人们可以进一步培养和发展思考技巧，并把思考当作一种运动或爱好。这里简单地介绍了如何运作这样的俱乐部。这一部分作为附录和本书的其他内容分离开来，即使不建立思考俱乐部，这一部分所提供的内容也可以直接使用。